普通高等院校工程训练系列规划教材

电工电子技术实验

曹泰斌　主编

清华大学出版社
北京

内 容 简 介

本书是根据电路原理、模拟电子电路、数字电子电路和电工学课程实验教学的基本要求而编写的实验指导书,能满足工科电类及非电类专业学生对前述四门课程实验教学的要求。内容主要包括 18 个电路原理验证性实验、5 个电路原理综合性设计性实验、10 个模拟电子电路基础实验、4 个模拟电子电路综合性设计性实验、10 个数字电子电路基础实验和 4 个数字电子电路综合性设计性实验。另外,附录中介绍了常用电工仪表、电子仪器的使用,以及常用电子元器件等。

本书可作为高等院校电路原理、模拟电子电路、数字电子电路和电工学课程的配套实验指导书,也可供工程技术人员参考。

图书在版编目(CIP)数据

电工电子技术实验 / 曹泰斌主编.--北京:清华大学出版社,2012.7(2020.8 重印)
(普通高等院校工程训练系列规划教材)
ISBN 978-7-302-28795-7

Ⅰ.①电… Ⅱ.①曹… Ⅲ.①电工技术－实验－高等学校－教材 ②电子技术－实验－高等学校－教材 Ⅳ.①TM-33 ②TN-33

中国版本图书馆 CIP 数据核字(2012)第 097937 号

责任编辑:庄红权　赵从棉
封面设计:傅瑞学
责任校对:赵丽敏
责任印制:沈　露

出版发行:清华大学出版社
　　　　　网　　　址:http://www.tup.com.cn,http://www.wqbook.com
　　　　　地　　　址:北京清华大学学研大厦 A 座　　　　　邮　　编:100084
　　　　　社 总 机:010-62770175　　　　　　　　　　　　邮　　购:010-62786544
　　　　　投稿与读者服务:010-62776969,c-service@tup.tsinghua.edu.cn
　　　　　质量反馈:010-62772015,zhiliang@tup.tsinghua.edu.cn
印 装 者:北京虎彩文化传播有限公司
经　　销:全国新华书店
开　　本:185mm×260mm　　印　张:14.5　　　　字　　数:346 千字
版　　次:2012 年 7 月第 1 版　　　　　　　　　　印　　次:2020 年 8 月第 9 次印刷
定　　价:42.00 元

产品编号:047725-03

序言

改革开放以来,我国贯彻科教兴国、可持续发展的伟大战略,坚持科学发展观,国家的科技实力、经济实力和国际影响力大为增强。如今,中国已经发展成为世界制造大国,国际市场上已经离不开物美价廉的中国产品。然而,我国要从制造大国向制造强国和创新强国过渡,要使我国的产品在国际市场上赢得更高的声誉,必须尽快提高产品质量的竞争力和知识产权的竞争力。清华大学出版社和本编审委员会联合推出的"普通高等院校工程训练系列规划教材",就是希望通过工程训练这一培养本科生的重要环节,依靠作者们根据当前的科技水平和社会发展需求所精心策划和编写的系列教材,培养出更多视野宽、基础厚、素质高、能力强和富于创造性的人才。

我们知道,大学、大专和高职高专都设有各种各样的实验室。其目的是通过这些教学实验,使学生不仅能比较深入地掌握书本上的理论知识,而且能更好地掌握实验仪器的操作方法,领悟实验中所蕴涵的科学方法。但由于教学实验与工程训练存在较大的差别,因此,如果我们的大学生不经过工程训练这样一个重要的实践教学环节,当毕业后步入社会时,就有可能感到难以适应。

对于工程训练,我们认为这是一种与社会、企业及工程技术的接口式训练。在工程训练的整个过程中,学生所使用的各种仪器设备都来自社会企业的产品,有的还是现代企业正在使用的主流产品。这样,学生一旦步入社会,步入工作岗位,就会发现他们在学校所进行的工程训练与社会企业的需求具有很好的一致性。另外,凡是接受过工程训练的学生,不仅为学习其他相关的技术基础课程和专业课程打下了基础,而且同时具有一定的工程技术素养。这样就为他们进入社会与企业,更好地融入新的工作群体,展示与发挥自己的才能创造了有利的条件。

近10年来,国家和高校对工程实践教育给予了高度重视,我国的理工科院校普遍建立了工程训练中心,拥有前所未有的、极为丰厚的教学资源,同时面向大量的本科学生群体。这些宝贵的实践教学资源,像数控加工、特种加工、先进的材料成形、表面贴装、数字化制造等硬件和软件基础设施,与国家的企业发展及工程技术发展密切相关。而这些涉及多学科领域的教学基础设施,又可以通过教师和工程技术人员的创造性劳动,转化和衍生出我国社会与企业所迫切需求的课程与教材,使国家投入的宝贵资源发挥其应有的教育教学功能。

为此,本系列教材的编审,将贯彻下列基本原则:

(1) 努力贯彻教育部和财政部有关"质量工程"的文件精神,注重课程改革与教材改革配套进行。

(2) 符合教育部工程材料及机械制造基础课程教学指导组所制定的课程教学基本要求。

(3) 在整体将注意力投向先进制造技术的同时,要力求把握好常规制造技术与先进制造技术的关联,把握好制造基础知识的取舍。

(4) 先进的工艺技术,是发展我国制造业的关键技术之一。因此,在教材的内涵方面,要着力体现工艺设备、工艺方法、工艺创新、工艺管理和工艺教育的有机结合。

(5) 有助于培养学生独立获取知识的能力,有利于增强学生的工程实践能力和创新思维能力。

(6) 融会实践教学改革的最新成果,体现出知识的基础性和实用性,以及工程训练和创新实践的可操作性。

(7) 慎重选择主编和主审,慎重选择教材内容,严格遵循国家技术标准。

(8) 注重各章节间的内部逻辑联系,力求做到文字简练,图文并茂,便于自学 。

本系列教材的编写和出版,是我国高等教育课程和教材改革中的一种尝试,一定会存在许多不足之处。希望全国同行和广大读者不断提出宝贵意见,使我们编写出的教材更好地为教育教学改革服务,更好地为培养高质量的人才服务。

普通高等院校工程训练系列规划教材编审委员会

主任委员：傅水根

2008 年 2 月于清华园

　　《电工电子技术实验》是为电路原理、模拟电子电路、数字电子电路等课程(统称为电类基础课)实验教学编写的指导书,可供电子信息工程、自动化、电气工程及其自动化等电类专业的基础课程实验教学使用。此外,为方便非电类专业电工学课程实验教学使用,书中编入了电工学课程实验的电机及控制部分内容。

　　电类基础课在电类专业人才培养过程中起着重要作用,其教学质量高低决定着后续专业课程的学习质量和学生未来的专业发展。电类基础课程实验在教学中占有重要地位,是培养创新型、应用型人才的重要途径,通过实验可以深入理解理论知识、发现探索未知世界和训练实际的动手能力。本书在总结电工电子技术实验教学改革成果和多年实验教学经验的基础上,力求突出基础性、先进性、实用性。编写体系和内容注重了培养创新型、应用型人才对电工电子基础课程实验教学的要求,增加了每个实验项目的实验内容和要求,可作为本科院校特别是应用型本科院校的实验教学教材。实验项目数量足以满足电类各专业电工电子基础课实验教学的需要,且一册在手可用于3门课程的实验指导。

　　本实验指导书的内容分为三篇和附录。第1篇为电路原理(包含电工学的电机及控制)实验指导,第2篇为模拟电子电路实验指导,第3篇为数字电子电路实验指导。每篇分为基础实验和综合性设计性实验两部分,基础实验安排10~18个实验项目,综合性设计性实验安排4~5个实验。附录部分主要是常用实验仪器如示波器、信号发生器等的使用,常用电子元器件、集成芯片介绍等。

　　本书由曹泰斌、侯锐、海瑛、肖林荣、吴伟雄、沈慧娟、熊小青编写。其中曹泰斌为主编,负责制定编写内容和体例的确定,并完成全书的整理和统稿。侯锐、吴伟雄负责第1篇的编写,海瑛负责第2篇的编写,肖林荣负责第3篇的编写,沈慧娟、熊小青负责附录的编写并承担了大量的文字校对工作。本书编写人员多年从事电类专业基础课的教学工作,并且在课程体系、教学内容、教学方法改革方面积极进行探索,积累了一定的经验,为本书的编写奠定了基础。

　　嘉兴学院机电工程实验中心作为浙江省实验教学示范中心建设单位,为该书的编写提供了多方面的支持;浙江求是科教设备有限公司、浙江天煌科技实业有限公司等单位提供了实验设备和资料,在此一并表示感谢。

　　由于编者水平有限,书中错误和不当之处在所难免,恳请广大读者批评指正,在此预致谢忱。

编者于嘉兴学院

2012 年 3 月

第 2 篇　模拟电子电路实验指导

第 3 篇　数字电子电路实验指导

第 1 篇

电路原理实验指导

电路原理基础实验

实验一 基本电工仪表的使用与测量误差的计算

一、实验目的

1. 熟悉实验台、挂箱、连接导线等的结构及使用方法。
2. 熟悉直流恒压源、恒流源、模拟式电压表、电流表的使用。
3. 掌握电压表、电流表内阻的测量方法。
4. 掌握电工仪表测量误差的计算方法。

二、实验原理

通常用电压表和电流表测量电路中的电压和电流,而电压表和电流表都具有一定的内

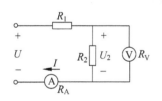

图 1.1.1-1 电压表、电流表测量电压电流的电路原理图

阻,分别用 R_V 和 R_A 表示。如图 1.1.1-1 所示,测量电阻 R_2 两端电压 U_2 时,电压表与 R_2 并联,只有当电压表内阻 R_V 无穷大时,才不会改变电路原来的状态。如果测量电路的电流 I,电流表要串入电路,要想不改变电路原来的状态,电流表的内阻 R_A 必须等于零。但实际使用的电压表和电流表一般都不能满足上述要求,即它们的内阻不可能为无穷大或者为零,因此,当仪表接入电路时都会使电路原来的状态产生变化,使被测的读数值与电路原来的实际值之间产生误差,这种由于仪表内阻引入的测量误差,称为方法误差。显然,方法误差值的大小与仪表本身内阻值的大小密切相关,我们总是希望电压表的内阻越接近无穷大越好,而电流表的内阻越接近零越好。可见,仪表的内阻是一个很重要的参数。

通常用下列方法测量仪表的内阻。

1. 用"分流法"测量电流表的内阻

设被测电流表的内阻为 R_A,满量程电流为 I_m,测试电路如图 1.1.1-2 所示。首先断开开关 S,调节恒流源的输出电流 I,使电流表指针达到满偏转,即 $I=I_A=I_m$。然后合上

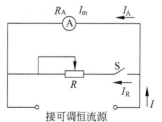

接可调恒流源

图 1.1.1-2 分流法测量电流表内阻电路原理图

开关 S,并保持 I 值不变,调节电阻箱 R 的阻值,使电流表的指针指在1/2满量程位置,即

$$I_\mathrm{A} = I_R = \frac{I_\mathrm{m}}{2}$$

则电流表的内阻 $R_\mathrm{A} = R$。

2. 用"分压法"测量电压表的内阻

设被测电压表的内阻为 R_V,满量程电压为 U_m,测试电路如图 1.1.1-3 所示。首先闭合开关 S,调节恒压源的输出电压 U,使电压表指针达到满偏转,即 $U=U_\mathrm{v}=U_\mathrm{m}$。然后断开开关 S,并保持 U 值不变,调节电阻箱 R 的阻值,使电压表的指针指在 1/2 满量程位置,即

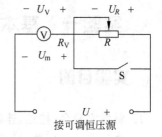

$$U_\mathrm{V} = U_R = \frac{U_\mathrm{m}}{2}$$

则电压表的内阻 $R_\mathrm{V} = R$。

3. 测量方法误差计算

图 1.1.1-3　分压法测量电压表内阻电路原理图

图 1.1.1-1 所示电路中,由于电压表的内阻 R_V 不为无穷大,在测量电压时引入的方法误差计算如下:

R_2 上电压的真实值为 $U_2 = \dfrac{R_2}{R_1+R_2}U$,若 $R_1=R_2$,则 $U_2=U/2$。现用一内阻为 R_V 的电压表来测 U_2 值,当 R_V 与 R_2 并联后,$R_2' = \dfrac{R_\mathrm{V}R_2}{R_\mathrm{V}+R_2}$,以此来代替上式的 R_2,则得

$$U_2' = \frac{\dfrac{R_\mathrm{V}R_2}{R_\mathrm{V}+R_2}}{R_1 + \dfrac{R_\mathrm{V}R_2}{R_\mathrm{V}+R_2}}U$$

绝对误差为

$$\Delta U = U_2 - U_2' = \left(\frac{R_2}{R_1+R_2} - \frac{\dfrac{R_\mathrm{V}R_2}{R_\mathrm{V}+R_2}}{R_1 + \dfrac{R_\mathrm{V}R_2}{R_\mathrm{V}+R_2}} \right) \cdot U$$

$$= \frac{R_1 R_2^2}{(R_1+R_2)(R_1R_2 + R_2R_\mathrm{V} + R_\mathrm{V}R_1)}U$$

若 $R_1=R_2=R_\mathrm{V}$,则得

$$\Delta U = \frac{U}{6}$$

相对误差为

$$\Delta U\% = \frac{U_2 - U_2'}{U_2} \times 100\% = \frac{\dfrac{U}{6}}{\dfrac{U}{2}} \times 100\% = 33.3\%$$

同理,可以导出由于电流表内阻 R_A 不为零,在测量时引入的方法误差(绝对误差和相

对误差)的计算式。

本实验使用的电压表和电流表采用 EEL-56 组件的表头(1mA、160Ω)及由该表头串、并电阻所形成的电压表(1V、10V)和电流表(1mA、10mA)。

三、 实验设备与元器件

1. 直流数字电压表、直流数字电流表(EEL 系列主控制屏上)。
2. 恒压源(在主控制屏上,配置±5V、±12V、0～30V 可调电压源三组恒压源)。
3. 恒流源(在主控制屏上,配置 0～500mA 可调电流源)。
4. EEL-51 组件、EEL-56 组件。

四、 实验内容

1. 根据"分流法"原理测定直流电流表 1mA 和 10mA 量程的内阻

实验电路如图 1.1.1-2 所示,其中 R 用电阻箱,用×1kΩ、×100Ω、×10Ω、×1Ω 四组串联实现 1Ω～10kΩ,分辨率 1Ω 的可调电阻。1mA 电流表直接采用 EEL-56 组件中的磁电式表头,10mA 电流表由 1mA 电流表与分流电阻并联而成。由实验台主控制屏上可调恒流源供电,调节可调恒流源的输出电流使表头指针指向满量程,保持恒流源输出不变,改变电阻箱的阻值,使表头指针指向中间位置,记录电阻箱此时的值。具体实验测试内容见表 1.1.1-1,将实验数据记入表中。

表 1.1.1-1　电流表内阻测量数据

被测表量程/mA	S 断开,调节恒流源,使 $I=I_A=I_m$	S 闭合,调节电阻 R,使 $I_R=I_A=I_m/2$	R/Ω	计算内阻 R_A/Ω
1				
10				

2. 根据"分压法"原理测定直流电压表 1V 和 10V 量程的内阻

实验电路如图 1.1.1-3 所示,其中 R 用电阻箱,用×1kΩ、×100Ω、×10Ω、×1Ω 四组串联实现 1Ω～10kΩ,分辨率 1Ω 的可调电阻,1V、10V 电压表分别用磁电式表头和电阻串联组成。由实验台主控制屏上可调恒压源供电,调节可调恒压源的输出电压使表头指针指向满量程,保持恒压源的输出不变,改变电阻箱的阻值,使表头指针指向中间位置,记录电阻箱此时的值。具体实验测试内容见表 1.1.1-2,并将实验数据记入表中。

表 1.1.1-2　电压表内阻测量数据

被测表量程/V	S 闭合,调节恒压源,使 $U=U_V=U_m$	S 断开,调节电阻 R,使 $U_R=U_V=U_m/2$	R/Ω	计算 R_V/Ω
1				
10				

3. 方法误差的测量与计算

实验电路如图 1.1.1-1 所示,其中 $U=10V$, $R_1=R_2=300\Omega$,用实验内容 1 所用的 10mA 量程电流表测量电流 I 之值,计算测量的绝对误差和相对误差,实验和计算数据记入表 1.1.1-3 中,其中电流表的内阻取实验内容 1 测量所得结果。用实验内容 2 所用的 10V 量程电压表测量电压 U_2 之值,计算测量的绝对误差和相对误差,实验和计算数据记入表 1.1.1-4 中,其中电压表的内阻取实验内容 2 测量所得结果。

表 1.1.1-3　电流测量方法误差计算

电流表内阻 R_A/Ω	电流计算值 I/mA	电流实测值 I'/mA	绝对误差 $\Delta I=I-I'/mA$	相对误差 $\Delta I/I\times100\%$

表 1.1.1-4　电压测量方法误差计算

电压表内阻 R_V/V	电压计算值 U_2/V	电压实测值 U_2'/V	绝对误差 $\Delta U=U_2-U_2'/V$	相对误差 $\Delta U/U_2\times100\%$

五、 实验注意事项

1. 实验台上的恒压源、恒流源均可通过粗调(分段调)分挡开关和细调(连续调)旋钮调节其输出量,并由该组件上数字电压表、数字毫安表显示其输出量的大小。在起动这两个电源时,先应使其输出电压调节或电流调节旋钮置零位,待实验时慢慢增大。

2. 理论上恒压源输出不允许短路,恒流源输出不允许开路(观察实际现象,解释实际和理论不同的原因)。

3. 电压表并联测量,电流表串联测量,并且要注意极性与量程的合理选择。

六、 预习与思考题

1. 根据已知表头的参数(1mA、160Ω),计算出组成 1V、10V 电压表的倍压电阻和 1mA、10mA 的分流电阻。

2. 若根据图 1.1.1-2 和图 1.1.1-3 已测量出电流表 1mA 挡和电压表 1V 挡的内阻,可否直接计算出 10mA 挡和 10V 挡的内阻?

3. 若用量程为 10A 的电流表测实际值为 8A 电流时,仪表读数为 8.1A,求测量的绝对误差和相对误差。

4. 如图 1.1.1-4(a)、(b)所示为伏安法测量电阻的两种电路,被测电阻的实际值为 R,电压表的内阻为 R_V,电流表的内阻为 R_A,求两种电路测电阻 R 的相对误差。

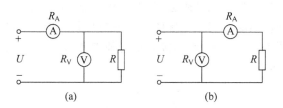

图 1.1.1-4　伏安法测量电阻的两种电路原理图

七、 实验报告要求

1. 根据表 1.1.1-1 和表 1.1.1-2 的数据,计算各被测仪表的内阻值,并与实际的内阻值相比较。

2. 根据表 1.1.1-3 和表 1.1.1-4 的数据,计算测量的绝对误差与相对误差。

3. 回答思考题。

实验二　基尔霍夫定律和叠加原理的验证

一、 实验目的

1. 验证基尔霍夫定律和叠加原理,加深对基尔霍夫定律和叠加原理的理解。

2. 理解线性电路的叠加性和齐次性。

3. 掌握数字式直流电流表、电压表的使用以及学会用电流插头、插座测量各支路电流的方法。

4. 学习检查、分析电路简单故障的方法。

二、 实验原理

1. 基尔霍夫定律

基尔霍夫电流定律(KCL)和基尔霍夫电压定律(KVL)是电路的基本定律,它们分别用来描述节点电流和回路电压,即对电路中的任一节点而言,在设定电流的参考方向下,应有 $\sum I = 0$,一般流出节点的电流取正号,流入节点的电流取负号;对任何一个闭合回路而言,在设定电压的参考方向下,绕行一周,应有 $\sum U = 0$,一般电压方向与绕行方向一致的电压取正号,电压方向与绕行方向相反的电压取负号。

2. 叠加原理

在有几个电源共同作用下的线性电路中,通过每一个元件的电流或其两端的电压,可以看成是由每一个电源单独作用时在该元件上所产生的电流或电压的代数和。具体方法是:

一个电源单独作用时,其他的电源必须去掉(电压源短路,电流源开路);在求电流或电压的代数和时,当电源单独作用时电流或电压的参考方向与共同作用时的参考方向一致时,符号取正,否则取负。如图 1.1.2-1 所示,当按图示选择参考方向,可得电路参数与单独作用时的电路参数有如下关系:

$$I_1 = I_1' - I_1''$$
$$I_2 = -I_2' + I_2''$$
$$I_3 = I_3' + I_3''$$
$$U = U' + U''$$

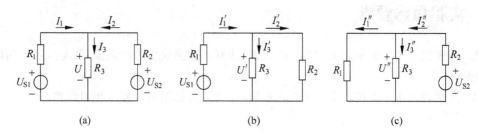

图 1.1.2-1 叠加原理电路图

(a) 电路图;(b) 电源 S_1 单独作用时的电路;(c) 电源 S_2 单独作用时的电路

叠加原理反映了线性电路的叠加性。

线性电路的齐次性是指当激励信号(如电源作用)增加或减小时,电路的响应(即在电路其他各电阻元件上所产生的电流和电压值)也将按相同的比例增加或减小。

叠加性和齐次性都只适用于求解线性电路中的电流、电压。对于非线性电路,叠加性和齐次性都不适用。

3. 检查、分析电路的简单故障

电路常见的简单故障一般出现在连线或元件部分。连线部分的故障通常有连线接错、接触不良而造成的断路等;元件部分的故障通常有接错元件、元件参数错误、电源输出数值(电压或电流)错误等。

故障检查的方法是用万用表(电压挡或电阻挡)或电压表在通电或断电状态下进行检查。

(1) 通电检查法:在接通电源的情况下,用万用表的电压挡或用电压表,根据电路工作原理,如果电路某两点应该有电压,电压表测不出电压,或某两点不应该有电压,而电压表测出了电压,或所测电压值与电路原理不符,则故障必然出现在此两点间。

(2) 断电检查法:在断开电源的情况下,用万用表的电阻挡,根据电路工作原理,如果电路某两点应该无电阻(或电阻极小),而万用表测出开路(或电阻极大),或某两点应该开路(或电阻很大),而测得的结果为短路(或电阻极小),则故障必然出现在此两点间。

本实验用电压表按通电检查法检查、分析电路的简单故障。

三、实验设备与元器件

1. 直流数字电压表、直流数字毫安表(在主控制屏上)。

2. 恒压源(在主控制屏上)。
3. EEL-53组件。

四、 实验内容

实验电路如图 1.1.2-2 所示,图中的电源 U_{S1} 用恒压源中的＋5V 输出端,U_{S2} 用恒压源中的＋12V 输出端。三条支路的电流参考方向已在实验组件上标出,如图中的 I_1、I_2、I_3 所示;各元件电压的参考极性可按组件上标示的字母采用下脚标表示,如图中的 U_{AD}、U_{AB} 等。

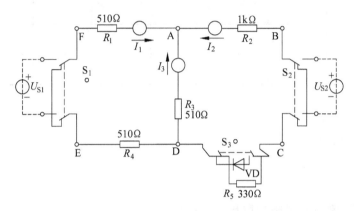

图 1.1.2-2　基尔霍夫定律和叠加原理实验电路

1. 熟悉电流表插头的结构,标定电流表的正负接线

电流表的正(负)极只有接支路电流参考方向的正(负)方向,测量读数的正负才正确。因参考方向的任意性,故电流插头与插孔连接也不能随意,必须进行标定,以适应所选定的某个参考方向。

标定方法如下:先使图 1.1.2-2 中电压源 U_{S1} 单独作用,显然,该情况下各支路电流的实际方向是可知的,又因各支路电流参考方向也已标出,故电流表读数的正负便可确定。使插头红(黑)接线柱插入表的红(黑)插孔,观察读数的正负是否正确,如不正确则改变接线,记下测量各支路电流时电流表正确的接线方法(注意:各支路电流测量可能出现不同的接线方法,要分别记牢)。

2. 验证基尔霍夫定律

(1) 测量支路电流:将电流插头分别插入三条支路的三个电流插座中,读出各个电流值,并记入表 1.1.2-1 中。

表 1.1.2-1　支路电流数据　　　　　　　　　　　　　　　　　　mA

支路电流	I_1	I_2	I_3
计算值			
测量值			
相对误差			

该节点的 $\sum I =$

（2）测量元件电压：用直流数字电压表分别测量两个电源及各电阻元件上的电压值，将数据记入表1.1.2-2中。测量时电压表的红（正）接线端应插入被测电压参考方向的高电位（正）端，黑（负）接线端插入被测电压参考方向的低电位（负）端。

表 1.1.2-2　各元件电压数据　　　　　　　　　　　　　　　　　V

各元件电压	U_{S1}	U_{S2}	U_{AD}	U_{DE}	U_{AF}	U_{AB}	U_{CD}
计算值							
测量值							
相对误差							

回路 ADEF 的 $\sum U =$

回路 ABCD 的 $\sum U =$

回路 FBCE 的 $\sum U =$

3. 验证线性电路应用叠加原理的正确性

（1）U_{S1} 电源单独作用（将开关 S_1 投向 U_{S1} 侧，开关 S_2 投向短路侧），画出电路图，标明各电流、电压的参考方向。用直流数字毫安表接电流插头测量各支路电流，用直流数字电压表测量各电阻元件两端电压，数据记入表1.1.2-3中。

表 1.1.2-3　线性电路叠加原理电流电压数据

实验内容　测量项目	U_{S1}/V	U_{S2}/V	I_1/mA	I_2/mA	I_3/mA	U_{AB}/V	U_{CD}/V	U_{AD}/V	U_{DE}/V	U_{FA}/V
U_{S1} 单独作用	12	0								
U_{S2} 单独作用	0	5								
U_{S1}、U_{S2} 共同作用	12	5								

（2）U_{S2} 电源单独作用（将开关 S_1 投向短路侧，开关 S_2 投向 U_{S2} 侧），画出电路图，标明各电流、电压的参考方向。完成测量并将数据记入表1.1.2-3中。

（3）U_{S1} 和 U_{S2} 共同作用时（开关 S_1 和 S_2 分别投向 U_{S1} 和 U_{S2} 侧），各电流、电压的参考方向如图1.1.2-2所示，完成测量并将数据记录记入表1.1.2-3中。

4. 验证叠加原理对非线性电路的适用性

将开关 S_3 投向二极管 VD 侧，即电阻 R_5 换成一只二极管 1N4007，重复实验内容3的测量过程，并将数据记入表1.1.2-4中。

表 1.1.2-4   非线性电路叠加原理电流电压数据

测量项目 实验内容	U_{S1}/V	U_{S2}/V	I_1/mA	I_2/mA	I_3/mA	U_{AB}/V	U_{CD}/V	U_{AD}/V	U_{DE}/V	U_{FA}/V
U_{S1}单独作用	12	0								
U_{S2}单独作用	0	5								
U_{S1}、U_{S2}共同作用	12	5								

五、 实验注意事项

1. 所有需要测量的电压源、电流源,均以电压表、电流表测量的读数为准,不以电源表盘指示值为准,测量中注意仪表量程的及时更换。

2. 防止电压源两端碰线短路。

3. 用电流插头测量各支路电流时,应注意仪表的极性,及数据表格中"+、-"号的记录。

4. 电源单独作用时,去掉另一个电压源,只能在实验板上用开关 S_1 或 S_2 操作,而不能直接将电源短路。

六、 预习与思考题

1. 根据图 1.1.2-2 的电路参数,计算出待测的电流 I_1、I_2、I_3 和各电阻上的电压值,分别记入表 1.1.2-1、表 1.1.2-2 中,以便实验测量时,可正确地选定毫安表和电压表的量程。

2. 在图 1.1.2-2 的电路中,A、D 两节点的电流方程是否相同?为什么?

3. 在图 1.1.2-2 的电路中可以列几个电压方程?它们与绕行方向有无关系?

4. 实验电路中,若有一个电阻元件改为二极管,试问叠加原理还成立吗?为什么?

七、 实验报告要求

1. 回答思考题。

2. 根据表 1.1.2-1 的实验数据,选定实验电路中的节点 A,验证基尔霍夫电流定律(KCL)的正确性。

3. 根据表 1.1.2-2 的实验数据,选定实验电路中的三个闭合回路,分别验证基尔霍夫电压定律(KVL)的正确性。

4. 根据表 1.1.2-3 的实验数据,分别验证叠加原理应用在线性电路和非线性电路中的正确性。

5. 各电阻元件所消耗的功率能否用叠加原理计算得出?试用上述实验数据计算、说明。

6. 根据表 1.1.2-3 的实验数据,当 $U_{S1} = U_{S2} = 12V$ 时,用叠加原理计算各支路电流和各电阻元件两端电压。

7. 写出实验中检查、分析电路故障的方法,总结查找故障的体会。

实验三　戴维南定理和诺顿定理的验证

一、 实验目的

1. 验证戴维南定理、诺顿定理的正确性，加深对定理的理解。
2. 掌握测量有源二端网络等效参数的一般方法。
3. 验证实际电源两种模型等效互换方法的正确性。

二、 实验原理

1. 戴维南定理和诺顿定理

戴维南定理指出：任何一个有源二端网络，总可以用一个电压源 U_S 和一个电阻 R_S 串联组成的实际电压源（即实际电源的电压源模型）来代替，其中，电压源 U_S 等于这个有源二端网络的开路电压 U_{OC}，内阻 R_S 等于该网络中所有独立源均置零（电压源短路，电流源开路）后的等效电阻 R_0。

诺顿定理指出：任何一个有源二端网络，总可以用一个电流源 I_S 和一个电阻 R_S 并联组成的实际电流源（即实际电源的电流源模型）来代替，其中，电流源 I_S 等于这个有源二端网络的短路电流 I_{SC}，内阻 R_S 等于该网络中所有独立源均置零（电压源短路，电流源开路）后的等效电阻 R_0。U_S、R_S 和 I_S、R_S 称为有源二端网络的等效参数。

2. 有源二端网络等效参数的测量方法

（1）开路电压、短路电流法

在有源二端网络输出端开路时，用电压表直接测量其输出端的开路电压 U_{OC}，然后再将其输出端短路，测量其短路电流 I_{SC}，则内阻为

$$R_S = \frac{U_{OC}}{I_{SC}}$$

注意：若有源二端网络的内阻值很低时，则不宜测其短路电流。

（2）伏安法

方法一：用电压表、电流表测出有源二端网络的外特性曲线，如图 1.1.3-1 所示。开路电压为 U_{OC}，根据外特性曲线求出斜率 $\tan\phi$，则内阻为：

$$R_S = \tan\phi = \frac{\Delta U}{\Delta I}$$

方法二：测量有源二端网络的开路电压 U_{OC}，以及额定电流 I_N 和对应的输出端额定电压 U_N，如图 1.1.3-1 所示，则内阻为

$$R_S = \frac{U_{OC} - U_N}{I_N}$$

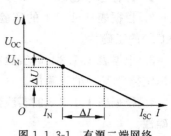

图 1.1.3-1　有源二端网络的伏安特性

三、 实验设备与元器件

1. 直流数字电压表、直流数字毫安表(在主控制屏上)。
2. 恒压源(在主控制屏上)。
3. 恒流源(在主控制屏上)。
4. EEL-51组件、EEL-53组件。

四、 实验内容

被测有源二端网络如图1.1.3-2所示。

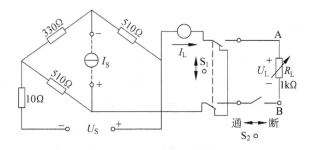

图 1.1.3-2 有源二端网络

1. 测量开路电压和短路电流

按图1.1.3-2所示线路接入稳压源 $U_S = 12\text{V}$ 和恒流源 $I_S = 20\text{mA}$。设定 U_{OC} 和 I_{SC} 的参考方向(建议采用如图中所示的参考方向),先断开 R_L,测量 U_{OC},再用开关 S_1 使 R_L 短接测量 I_{SC},则 $R_0 = U_{OC}/I_{SC}$,填入表1.1.3-1。

表 1.1.3-1 开路电压、短路电流数据

U_{OC}/V	I_{SC}/mA	R_0/Ω

2. 负载实验

按图1.1.3-2所示测量有源二端网络的外特性。即用开关 S_1、S_2 将负载电阻 R_L 接入有源二端网络,改变 R_L 阻值,使负载电阻的端电压分别等于表1.1.3-2中的各电压值,测量对应的各电流,将测得数据填入表1.1.3-2,计算对应的负载电阻值,也填入表1.1.3-2。

表 1.1.3-2 负载伏安特性数据

U_L/V	2.0	1.8	1.6	1.4	1.2	1.0	0.8	0.6	0.4	0.2
I_L/mA										
R_L/Ω										

3. 验证戴维南定理

将按键电阻阻值调整到等于按实验内容 1 所得的等效电阻 R_0 值；将可调直流电压源的电压调整到等于按实验内容 1 所测得的开路电压 U_{OC} 之值，电压源与电阻相串联，得到戴维南等效电路。用开关 S_1、S_2 将负载电阻 R_L 接入，仿照实验内容 2 测其特性，将测得数据填入表 1.1.3-3。

表 1.1.3-3   戴维南等效电路负载伏安特性数据记录

U_L/V	2.0	1.8	1.6	1.4	1.2	1.0	0.8	0.6	0.4	0.2
I_L/mA										
R_L/Ω										

4. 验证诺顿定理

将按键电阻阻值调整到等于按实验内容 1 所得的等效电阻 R_0 值；将可调直流电流源的电流调整到等于按实验内容 1 所测得的短路电流 I_{SC} 之值，电流源与电阻相并联，得到诺顿等效电路。用开关 S_1、S_2 将负载电阻 R_L 接入，仿照实验内容 2 测其特性，将测得数据填入表 1.1.3-4。

表 1.1.3-4   诺顿等效电路负载伏安特性数据记录

U_L/V	2.0	1.8	1.6	1.4	1.2	1.0	0.8	0.6	0.4	0.2
I_L/mA										
R_L/Ω										

五、 实验注意事项

1. 测量时，注意电流表量程的更换。
2. 改接线路时，必须关掉电源。

六、 预习与思考题

1. 如何测量有源二端网络的开路电压和短路电流？在什么情况下不能直接测量开路电压和短路电流？
2. 说明测量有源二端网络开路电压及等效内阻的几种方法，并比较其优缺点。

七、 实验报告要求

1. 根据实验内容 2、3、4 分别绘出曲线，验证戴维南定理、诺顿定理的正确性，并分析产生误差的原因。

2. 根据实验内容 3、4 绘出的曲线,验证实际电源两种模型等效变换的正确性。

实验四　受控源的实验研究

一、 实验目的

1. 加深对受控源的理解。
2. 熟悉由运算放大器组成受控源电路的分析方法,了解运算放大器的应用。
3. 掌握受控源转移特性、负载特性的测量方法。

二、 实验原理

1. 受控源

受控源向外电路提供的电压或电流受其他支路的电压或电流控制,因而受控源是双口元件:一个为控制端口,或称输入端口,输入控制量(电压或电流);另一个为受控端口或称输出端口,向外电路提供电压或电流。受控端口的电压或电流,受控制端口的电压或电流的控制。根据控制变量与受控变量的不同组合,受控源可分为以下四类。

(1) 电压控制电压源(VCVS),如图 1.1.4-1(a)所示,其特性为

$$u_2 = \mu u_1$$

其中,$\mu = \dfrac{u_2}{u_1}$,称为转移电压比(即电压放大倍数)。

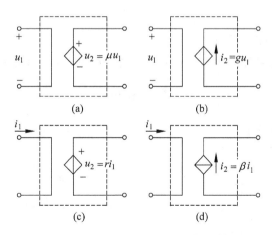

图 1.1.4-1　四种类型受控源电路符号

(2) 电压控制电流源(VCCS),如图 1.1.4-1(b)所示,其特性为

$$i_2 = gu_1$$

其中,$g = \dfrac{i_2}{u_1}$,称为转移电导。

(3) 电流控制电压源(CCVS),如图 1.1.4-1(c)所示,其特性为

$$u_2 = r i_1$$

其中,$r = \dfrac{u_2}{i_1}$,称为转移电阻。

(4) 电流控制电流源(CCCS),如图 1.1.4-1(d)所示,其特性为

$$i_2 = \beta i_1$$

其中,$\beta = \dfrac{i_2}{i_1}$,称为转移电流比(即电流放大倍数)。

2. 用运算放大器组成的受控源

运算放大器的电路符号如图 1.1.4-2 所示,它具有两个输入端:同相输入端 u_+ 和反相输入端 u_-,一个输出端 u_o,放大倍数为 A,则 $u_o = A(u_+ - u_-)$。

对于理想运算放大器,放大倍数 A 为∞,输入电阻为∞,输出电阻为 0,由此可得出两个特性:

特性 1:$u_+ = u_-$;特性 2:$i_+ = i_- = 0$。

(1) 电压控制电压源(VCVS)

电压控制电压源电路如图 1.1.4-3 所示。由运算放大器的特性可得

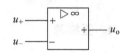

图 1.1.4-2 运算放大器的
电路符号

$$u_2 = \left(1 + \frac{R_2}{R_1}\right) u_1$$

可见,运算放大器的输出电压 u_2 受输入电压 u_1 控制,其电路模型如图 1.1.4-1(a)所示,转移电压比为

$$\mu = \left(1 + \frac{R_2}{R_1}\right)$$

(2) 电压控制电流源(VCCS)

电压控制电流源电路如图 1.1.4-4 所示。由运算放大器的特性可得

$$i_2 = \frac{1}{R_1} u_1$$

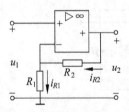

图 1.1.4-3 电压控制电压源电路

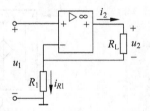

图 1.1.4-4 电压控制电流源电路

可见,运算放大器的输出电流 i_2 受输入电压 u_1 控制,其电路模型如图 1.1.4-1(b)所示。转移电导为

$$g = \frac{1}{R_1}$$

（3）电流控制电压源（CCVS）

电流控制电压源电路如图 1.1.4-5 所示。由运算放大器的特性可得

$$u_2 = Ri_1$$

可见，运算放大器的输出电压 u_2 受输入电流 i_1 控制，其电路模型如图 1.1.4-1(c)所示。转移电阻为

$$r = R$$

（4）电流控制电流源（CCCS）

电流控制电流源电路如图 1.1.4-6 所示。由运算放大器的特性可得

$$i_2 = -\left(1 + \frac{R_1}{R_2}\right)i_1$$

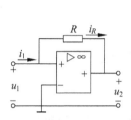

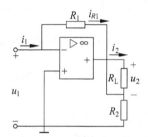

图 1.1.4-5　电流控制电压源电路　　　　图 1.1.4-6　电流控制电流源电路

可见，运算放大器的输出电流 i_2 受输入电流 i_1 的控制。其电路模型如图 1.1.4-1(d)所示。转移电流比为

$$\beta = -\left(1 + \frac{R_1}{R_2}\right)$$

三、 实验设备与元器件

1. 直流数字电压表、直流数字毫安表（在主控制屏上）。
2. 恒压源（在主控制屏上）、恒流源（在主控制屏上）。
3. EEL-54A 组件、EEL-51 组件。

四、 实验内容

1. 测试电压控制电流源（VCCS）特性

实验电路如图 1.1.4-4 所示，图中 U_1 用恒压源的可调电压输出端，负载电阻 $R_L = 2\text{k}\Omega$（用 EEL-51 电阻箱组件）。

（1）测试 VCCS 的转移特性 $I_2 = f(U_1)$

调节恒压源输出电压 U_1（以电压表读数为准），将电流表串入输出端，测量对应的输出电流 I_2，将数据记入表 1.1.4-1 中。

表 1.1.4-1　VCCS 的转移特性数据

U_1/V	0	0.5	1	1.5	2	2.5	3	3.5	4	4.5	5
I_2/mA											

（2）测试 VCCS 的负载特性 $I_2 = f(R_L)$

保持 $U_1 = 2V$，负载电阻 R_L 用 EEL-51 电阻箱组件，并调节其大小，用电流表测量对应的输出电流 I_2，将数据记入表 1.1.4-2 中。

表 1.1.4-2　VCCS 的负载特性数据

$R_L/k\Omega$	5	4.5	4	3.5	3	2.5	2	1.5	1	0.5	0
I_2/mA											

2. 测试电流控制电压源（CCVS）特性

实验电路如图 1.1.4-5 所示，I_1 用恒流源，负载电阻 $R_L = 2k\Omega$（用 EEL-51 电阻箱组件）。

（1）测试 CCVS 的转移特性 $U_2 = f(U_1)$

调节恒流源输出电流 I_1（以电流表读数为准），将电压表并联在输出端，测量对应的输出电压 U_2，将数据记入表 1.1.4-3 中。

表 1.1.4-3　CCVS 的转移特性数据

I_1/mA	0	0.05	0.1	0.15	0.2	0.25	0.3	0.35	0.4	0.45	0.5
U_2/V											

（2）测试 CCVS 的负载特性 $U_2 = f(R_L)$

保持 $I_1 = 0.2mA$，负载电阻 R_L 用 EEL-51 电阻箱组件，调节其大小，用电压表测量对应的输出电压 U_2，将数据记入表 1.1.4-4 中。

表 1.1.4-4　CCVS 的负载特性数据

R_L/Ω	100	200	300	400	500	1k	2k	5k	10k
U_2/V									

3. 测试电压控制电压源（VCVS）特性

实验电路为图 1.1.4-4 所示电路与图 1.1.4-5 所示电路的级联，即图 1.1.4-4 所示电路的输出端与图 1.1.4-5 所示电路的输入端对应相连，输入电压 U_1 用恒压源的可调电压输出端，输出端接负载电阻 $R_L = 2k\Omega$（用 EEL-51 电阻箱组件）。

（1）测试 VCVS 的转移特性 $U_2 = f(U_1)$

调节恒压源输出电压 U_1（以电压表读数为准），接入图 1.1.4-4 所示电路的输入端（即 VCCS 的输入端），测量图 1.1.4-5 所示电路的输出端（即 CCVS 的输出端）电压 U_2，将数据记入表 1.1.4-5 中。

表 1.1.4-5　VCVS 的转移特性数据

U_1/V	0	0.5	1	1.5	2	2.5	3	3.5	4	4.5	5
U_2/V											

（2）测试 VCVS 的负载特性 $U_2 = f(R_L)$

保持 $U_1 = 2V$，负载电阻 R_L 用 EEL-51 电阻箱组件，并调节其大小，用电压表测量对应的输出电压 U_2，将数据记入表 1.1.4-6 中。

表 1.1.4-6　VCVS 的负载特性数据

R_L/Ω	50	70	100	200	300	400	500	1000	2000
U_2/V									

4. 测试电流控制电流源（CCCS）特性

实验电路为图 1.1.4-5 所示电路与图 1.1.4-4 所示电路的级联，即图 1.1.4-5 所示电路的输出端与图 1.1.4-4 所示电路的输入端对应相连，输入电流 I_1 用恒流源，负载电阻 $R_L = 2k\Omega$（用 EEL-51 电阻箱组件）。

（1）测试 CCCS 的转移特性 $I_2 = f(I_1)$

调节恒流源输出电流 I_1（以电流表读数为准），接入图 1.1.4-5 所示电路的输入端（即 CCVS 的输入端），测量图 1.1.4-4 所示电路的输出端（即 VCCS 的输出端）电压 U_2，将数据记入表 1.1.4-7 中。

表 1.1.4-7　CCCS 的转移特性数据

I_1/mA	0	0.05	0.1	0.15	0.2	0.25	0.3	0.35	0.4	0.45	0.5
I_2/mA											

（2）测试 CCCS 的负载特性 $I_2 = f(R_L)$

保持 $I_1 = 0.2mA$，负载电阻 R_L 用 EEL-51 电阻箱组件，调节其大小，将电流表串入输出端测量对应的输出电流 I_2，将数据记入表 1.1.4-8 中。

表 1.1.4-8　CCCS 的负载特性数据

R_L/kΩ	5	4.5	4	3.5	3	2.5	2	1.5	1	0.5	0
I_2/mA											

五、 实验注意事项

1. 用恒流源供电的实验中，不允许恒流源开路。
2. 运算放大器输出端不能与地短路，输入端电压不宜过高（小于 5V）。
3. 实验时必须将组件箱的 +12V、-12V、地端与实验台上的对应电源端连接。

六、 预习与思考题

1. 了解四种受控源的电路模型、控制量与被控量的关系。

2. 四种受控源中的转移参量 μ、g、r 和 β 的意义是什么? 如何测得?

3. 若受控源控制量的极性反向,试问其输出极性是否发生变化?

4. 由 CCVC 和 VCCS 获得 CCCS 和 VCVS,它们的输入输出如何连接?

七、 实验报告要求

1. 根据实验数据,在方格纸上分别绘出四种受控源的转移特性和负载特性曲线,并求出相应的转移参量 μ、g、r 和 β。

2. 根据实验数据,说明转移参量 μ、g、r 和 β 受电路中哪些参数的影响。

实验五　RC 一阶电路暂态过程的研究

一、 实验目的

1. 研究 RC 一阶电路的零输入响应、零状态响应和全响应的规律和特点。

2. 学习一阶电路时间常数的测量方法,了解电路参数对时间常数的影响。

3. 掌握微分电路和积分电路的基本概念。

4. 进一步熟练掌握示波器、信号发生器的使用。

二、 实验原理

1. RC 一阶电路的零状态响应

RC 一阶电路如图 1.1.5-1 所示,开关 S 在“1”的位置,电容电压为零,即电路为零状态。在 $t=0$ 时刻,开关 S 合向“2”的位置,电源通过 R 开始向电容 C 充电,这个过程称为 RC 一阶电路的零状态响应,电容电压 $u_C(t)$ 的时域响应为

$$u_C(t) = U_S - U_S e^{-\frac{t}{\tau}}, \quad t \geq 0$$

RC 一阶电路的零状态变化曲线如图 1.1.5-2 所示,当 u_C 上升到 $0.632U_S$ 所需要的时间称为时间常数 τ,$\tau = RC$。

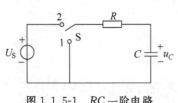

图 1.1.5-1　RC 一阶电路

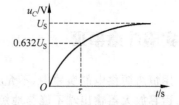

图 1.1.5-2　RC 一阶电路零状态响应

2. RC 一阶电路的零输入响应

在图 1.1.5-1 中,开关 S 在“2”的位置电路稳定后,在 $t=0$ 时刻,再合向“1”的位置,电容 C 通过 R 放电,这个过程称为 RC 一阶电路的零输入响应,电容电压 $u_C(t)$ 的时域响应为

$$u_C(t) = U_S e^{-\frac{t}{\tau}}, \quad t \geq 0$$

RC 一阶电路的零输入变化曲线如图 1.1.5-3 所示,当 u_C 下降到 $0.368U_S$ 所需要的时间称为时间常数 τ,$\tau = RC$。

3. 测量 RC 一阶电路时间常数 τ

采用图 1.1.5-4 所示的周期性方波 u_S 作为电路的激励信号,方波信号的周期为 T,只要满足 $\frac{T}{2} \geq 5\tau$(为什么?),便可在示波器的荧光屏上形成稳定的响应波形。

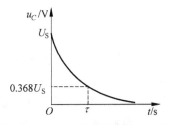

图 1.1.5-3 一阶电路零输入响应

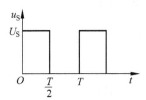

图 1.1.5-4 输入方波

电阻 R、电容 C 串联与方波发生器的输出端连接,用双踪示波器观察电容两端电压 u_C,便可观察到稳定的指数曲线,如图 1.1.5-5 所示。在荧光屏上测得电容电压最大值 $u_{CM} = a$V,取 $b = 0.632a$,在与指数曲线交点对应时间 t 轴的 x 点即为时间常数测量点,该电路的时间常数 τ = 时间轴刻度格数 × 时间轴比例尺(秒/格)。

4. 微分电路和积分电路

在方波信号 u_S 作用的电阻 R、电容 C 串联电路中,当满足电路时间常数 τ 远远小于方波周期 T 的条件时,电阻两端电压 u_R 与方波输入信号 u_S 呈微分关系,$u_R \approx RC \dfrac{\mathrm{d}u_S}{\mathrm{d}t}$,该电路称为微分电路。当满足电路时间常数 τ 远远大于方波周期 T 的条件时,电容两端电压 u_C 与方波输入信号 u_S 呈积分关系,$u_C \approx \dfrac{1}{RC} \int u_S \mathrm{d}t$,该电路称为积分电路。

微分电路和积分电路的输出、输入波形如图 1.1.5-6(a)、(b)所示。这两类电路在信号

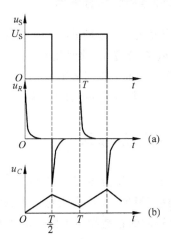

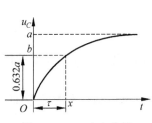

图 1.1.5-5 响应曲线

图 1.1.5-6 微分电路和积分电路的响应

波形变换中有广泛的应用。

三、 实验设备与元器件

1. 双踪示波器。
2. 信号源。
3. EEL-52 组件(含电阻、电容)。

四、 实验内容

实验电路如图 1.1.5-7 所示,图中电阻 R、电容 C 从 EEL-51 组件上选取(请看懂线路板的走线,认清激励与响应端口所在的位置;认清 R、C 元件的布局及其标称值,各开关的通断位置等),用双踪示波器观察电路激励(方波)信号和响应信号。u_S 为方波输出信号,调节信号源输出,从示波器上观察,使方波的电压峰-峰值 $V_{P-P}=2V$,频率 $f=1kHz$。

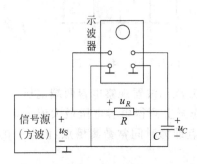

图 1.1.5-7　RC 一阶暂态响应
实验电路

1. RC 一阶电路的充、放电过程

(1) 测量时间常数 τ:选择 EEL-51 组件上的 R、C 元件,令 $R=10k\Omega$,$C=0.01\mu F$,用示波器的 A、B 通道同时观察激励 u_S 与响应 u_C 的变化规律,测量并记录时间常数 τ。

(2) 观察时间常数 τ(即电路参数 R、C)对暂态过程的影响:令 $R=10k\Omega$,$C=0.01\mu F$,观察并描绘响应的波形,继续增大 C(取 $0.01\sim0.1\mu F$)或增大 R(取 $10k\Omega$、$30k\Omega$),定性地观察对响应的影响。

2. 微分电路和积分电路

(1) 积分电路:选择 EEL-52 组件上的 R、C 元件,令 $R=100k\Omega$,$C=0.01\mu F$,用示波器观察激励 u_S 与响应 u_C 的变化规律。

(2) 微分电路:将实验电路中的 R、C 元件位置互换,令 $R=100\Omega$,$C=0.01\mu F$,用示波器观察激励 u_S 与响应 u_R 的变化规律。

五、 实验注意事项

1. 调节电子仪器各旋钮时,动作不要过猛。实验前,尚需熟读双踪示波器的使用说明,特别是观察双踪时,要特别注意开关、旋钮的操作与调节。

2. 信号源的接地端与示波器的接地端要连在一起(称共地),以防外界干扰而影响测量的准确性。

六、 预习与思考题

1. 用示波器观察 RC 一阶电路零输入响应和零状态响应时,为什么激励必须是方波信号?

2. 在 RC 一阶电路中,当 R、C 的大小变化时,对电路的响应有何影响?

3. 什么是积分电路和微分电路,它们必须具备什么条件? 它们在方波激励下,其输出信号波形的变化规律如何?

七、 实验报告要求

1. 根据实验内容 1 的结果,绘出 RC 一阶电路充、放电时 U_C 与激励信号对应的变化曲线,由曲线测得 τ 值,并与参数的理论计算结果作比较,分析误差原因。

2. 根据实验内容 2 的结果,绘出积分电路、微分电路输出信号与输入信号对应的波形。

3. 回答思考题。

实验六　单相正弦交流电路的分析

一、 实验目的

1. 学会使用交流数字仪表(电压表、电流表、功率表、功率因数表)测量交流电路的电压、电流、功率和功率因数。

2. 学习使用自耦调压器调节交流电压。

3. 加深对阻抗、阻抗角及相位差等概念的理解。

二、 实验原理

正弦交流电路中各个元件的参数值,可以用交流电压表、电流表及功率表,分别测量出元件两端的电压 U,流过该元件的电流 I 和它所消耗的功率 P,然后通过计算得到所求的各值,这种方法称为三表法,是用来测量 50Hz 交流电路参数的基本方法。计算的基本公式如下:

电阻元件的电阻 $R = \dfrac{U_R}{I}$;电感元件的感抗 $X_L = \dfrac{U_L}{I}$,电感 $L = \dfrac{X_L}{2\pi f}$;电容元件的容抗 $X_C = \dfrac{U_C}{I}$,电容 $C = \dfrac{1}{2\pi f X_C}$;串联电路阻抗的模 $|Z| = \dfrac{U}{I}$,阻抗角 $\varphi = \arctan \dfrac{X}{R}$,其中:等效电阻 $R = \dfrac{P}{I^2}$,等效电抗 $X = \sqrt{|Z|^2 - R^2}$。

本实验电阻元件用白炽灯(非线性电阻)。电感线圈用镇流器,由于镇流器线圈的金属导线具有一定电阻,因而,镇流器可以由电感和电阻相串联来等效。电容器一般可认为是理想的电容元件。

在 RLC 串联电路中,各元件电压之间存在相位差,电源电压应等于各元件电压的相量和,而不能用它们的有效值直接相加。

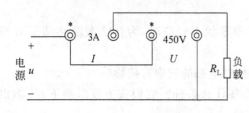

图 1.1.6-1　功率表的接法

电路功率用功率表测量,功率表(又称为瓦特表)是一种电动式仪表,其中电流线圈与负载串联(具有两个电流线圈,可串联或并联,以便得到两个电流量程),而电压线圈与电源并联,电流线圈和电压线圈的同名端(标有 * 号端)必须连在一起,如图 1.1.6-1 所示。本实验使用数字式功率表,当接好电压、电流后,可直接读出功率和功率因数,电压、电流量程分别选 450V 和 3A。

三、 实验设备与元器件

1. 交流电压表、电流表、功率表、功率因数表(在主控制屏上)。
2. 自耦调压器(在主控制屏上)。
3. EEL-60 组件(镇流器,$4.3\mu F$、$2.2\mu F/400V$ 电容器)。
4. EEL-55A(含 220V、25W 白炽灯)。
5. 日光灯(在实验台上)。

四、 实验内容

实验电路如图 1.1.6-2 所示,只连接电压表和电流表,功率表不需连接,交流电源经自耦调压器调压后向负载 Z 供电。

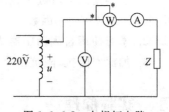

图 1.1.6-2　白炽灯电路

1. 测量白炽灯的电阻

图 1.1.6-2 所示电路中的 Z 为一个 220V、25W 的白炽灯,用自耦调压器调压,使 U 为 220V(用电压表测量),并测量电流和功率,记入表 1.1.6-1 中。

表 1.1.6-1　测量白炽灯的电阻

电压 U/V	电流 I/A	功率 P/W	功率因数 $\cos\varphi$	计算阻值 R/Ω
220				
110				

将电压 U 调到 110V,重复上述实验。

2. 测量电容器的容抗

将图 1.1.6-2 电路中的 Z 换为 $4.3\mu F$ 的电容器(改接电路时必须断开交流电源),将电

压 U 调到 220V,测量电压、电流和功率,记入表 1.1.6-2 中。

表 1.1.6-2 测量电容器的容抗

电容值 $C/\mu F$	电压 U/V	电流 I/A	功率 P/W	计算容抗 X_C/Ω	计算电容值 $C/\mu F$
4.3	220				
2.2	220				

将电容器换为 2.2μF,重复上述实验。

3. 测量镇流器的参数

将图 1.1.6-2 电路中的 Z 换为镇流器,将电压 U 分别调到 180V 和 90V,测量电压、电流和功率,记入表 1.1.6-3 中。

表 1.1.6-3 测量镇流器的参数

电压 U/V	电流 I/A	功率 P/W	计算阻值 R/Ω	计算电感值 L/H
180				
90				

4. 测量日光灯电路

日光灯电路如图 1.1.6-3 所示,用该电路取代图 1.1.6-2 所示电路中的 Z,将电压 U 调到 220V,测量日光灯管两端电压 U_R、镇流器电压 U_{RL} 和总电压 U 以及电流和功率,并记入表 1.1.6-4 中。

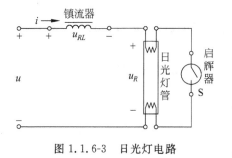

图 1.1.6-3 日光灯电路

表 1.1.6-4 测量日光灯的参数

电压 U/V	日光灯管两端电压 U_R/V	镇流器电压 U_{RL}/V	电流 I/A	功率 P/W
220				

五、 实验注意事项

1. 注意功率表的正确接线,上电前必须经指导教师检查。

2. 自耦调压器在接通电源前,应将其手柄置在零位上(即左旋到底位置),调节时,使其输出电压从零开始逐渐升高。每次改接实验负载或实验完毕,都必须先将其旋柄慢慢调回零位,再断电源。必须严格遵守这一安全操作规程。

六、 预习与思考题

1. 在50Hz的交流电路中,测得一只铁芯线圈的 P、I 和 U,如何计算得它的电阻值及电感量?

2. 参阅课外资料,了解日光灯的电路连接和工作原理。

3. 当日光灯上缺少启辉器时,人们常用一根导线将启辉器插座的两端短接一下,然后迅速断开,使日光灯点亮;或用一只启辉器去点亮多只同类型的日光灯,这是为什么?

4. 了解自耦调压器的原理和操作方法。

七、 实验报告要求

1. 根据实验内容1的数据,计算白炽灯在不同电压下的电阻值。

2. 根据实验内容2的数据,计算电容器的容抗和电容值。

3. 根据实验内容3的数据,计算镇流器的参数(电阻 R 和电感 L)。

4. 根据实验内容4的数据,计算日光灯的电阻值,画出各个电压和电流的相量图,说明各个电压之间的关系。

实验七   RLC串联谐振电路

一、 实验目的

1. 加深理解电路发生谐振的条件、特点,掌握电路品质因数(电路 Q 值)、通频带的物理意义及其测定方法。

2. 学习用实验方法绘制 RLC 串联电路不同 Q 值下的幅频特性曲线。

3. 熟练使用信号源、频率计和交流毫伏表。

二、 实验原理

在图1.1.7-1所示的 RLC 串联电路中,电路复阻抗 $Z=R+\mathrm{j}\left(\omega L-\dfrac{1}{\omega C}\right)$,当 $\omega L=\dfrac{1}{\omega C}$ 时,$Z=R$,$\dot{U}$ 与 $\dot{I}$ 同相,电路发生串联谐振,谐振角频率 $\omega_0=\dfrac{1}{\sqrt{LC}}$,谐振频率 $f_0=\dfrac{1}{2\pi\sqrt{LC}}$。

在图1.1.7-1所示电路中,若 $\dot{U}$ 为激励信号,$\dot{U}_R$ 为响应信号,则其幅频特性曲线如图1.1.7-2(a)所示,当 $f=f_0$ 时,$A=1$,$U_R=U$,$f\neq f_0$ 时,$U_R<U$,呈带通特性。$A=0.707$,即 $U_R=0.707U$ 所对应的两个频率 f_L 和 f_H 为下限频率和上限频率,

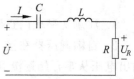

图1.1.7-1 RLC 串联
谐振电路

$f_H - f_L$ 为通频带。通频带的宽窄与电阻 R 有关,不同电阻值的幅频特性曲线如图 1.1.7-2(b) 所示。

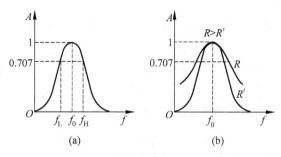

图 1.1.7-2 幅频特性曲线

电路发生串联谐振时,$U_R = U$,$U_L = U_C = QU$,Q 称为品质因数,与电路的参数 R、L、C 有关。Q 值越大,幅频特性曲线越尖锐,通频带越窄,电路的选择性越好,在恒压源供电时,电路的品质因数、选择性与通频带只决定于电路本身的参数,而与信号源无关。在本实验中,用交流毫伏表测量不同频率下的电压 U、U_R、U_L、U_C,绘制 RLC 串联电路的幅频特性曲线,并根据 $\Delta f = f_H - f_L$ 计算出通频带,根据 $Q = \dfrac{U_L}{U} = \dfrac{U_C}{U}$ 或 $Q = \dfrac{f_0}{f_H - f_L}$ 计算出品质因数。

三、 实验设备与元器件

1. 信号源(含频率计)。
2. 交流毫伏表。
3. EEL-54A 组件。

四、 实验内容

实验电路如图 1.1.7-3 所示(在 EEL-54 组件上),图中:$L = 9\text{mH}$,$C = 0.033\mu\text{F}$,R 可选 51Ω 或 100Ω,信号源输出正弦波电压作为输入电压 u,调节信号源正弦波输出电压,并用交流毫伏表测量,使信号源输出电压的有效值为 1V(注意:不是峰-峰值电压)并保持不变,信号源正弦波输出电压的频率用频率计测量。

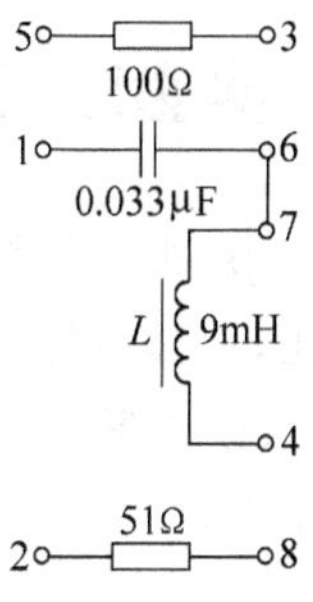

1. 测量 RLC 串联电路谐振频率

将实验电路的 4、8 端短接,在 1 端接信号源输出端(红端),在 2 端接信号源地端(黑端);将交流毫伏表输入端(红端)接 8 端,地端(黑端)接 2 端,实现了测量电阻电压时信号源与毫伏表的共地。

调节信号源正弦波输出电压频率,由小逐渐变大(注意要维持信号源的输出电压不变,用交流毫伏表不断监视),观察交流毫伏表测量的电阻电压 U_R,当 U_R 的读数为最大时,读得频率计上的频率值即为电路的谐振频率

图 1.1.7-3 RLC 串联谐振实验电路

f_0,将测量数据记入自拟的数据表格中。

2. 测量 *RLC* 串联谐振电路的幅频特性

在上述实验电路的谐振点两侧,调节信号源正弦波输出频率,按频率递增或递减 500Hz 或 1000Hz,依次各取 7 个测点,逐点测出 U_R、U_L 和 U_C 值,记入表 1.1.7-1 中。测量电阻电压 U_R 时信号源和毫伏表的接法同上;测量电感电压 U_L 时需将实验电路的 1、2 端短接,信号源输出端接 8 端、交流毫伏表输入端接 7 端,两个地端均接到 4 端;测量电容电压 U_C 时需将实验电路的 4、8 端短接,信号源输出端接 2 端、交流毫伏表输入端接 6 端,两个地端均接到 1 端。

表 1.1.7-1   幅频特性实验数据一

f/kHz						f_0					
U_R/V											
U_L/V											
U_C/V											

(注意:以上接法的目的在于保证测量时信号源与毫伏表共地。)

3. 改变电阻值,重复实验

在上述实验电路中,改变电阻值,使 $R=100\Omega$,重复实验内容 1、2 的测量过程,将幅频特性数据记入表 1.1.7-2 中。注意实验电路各个端相应的短接和输入端、地端的选择,保证信号源和毫伏表的共地。

表 1.1.7-2   幅频特性实验数据二

f/kHz						f_0					
U_R/V											
U_L/V											
U_C/V											

五、 实验注意事项

1. 测试频率点的选择应在靠近谐振频率附近多取几点,在改变频率时,应调整信号输出电压,使其维持在 1V 不变。

2. 在测量 U_L 和 U_C 数值时注意保证信号源与毫伏表共地,同时应将毫伏表的量程扩大约十倍。

六、 预习与思考题

1. 根据实验内容 1 的元件参数值,估算电路的谐振频率,自拟测量谐振频率的数据表格。

2. 改变电路的哪些参数可以使电路发生谐振,电路中 R 的数值是否影响谐振频率?

3. 如何判别电路是否发生谐振? 测试谐振点的方案有哪些?

4. 电路发生串联谐振时,为什么输入电压 U 不能太大? 如果信号源给出 1V 的电压,电路谐振时,用交流毫伏表测 U_L 和 U_C,应该选择用多大的量限? 为什么?

5. 要提高 RLC 串联电路的品质因数,电路参数应如何改变?

七、 实验报告要求

1. 电路谐振时,比较输出电压 U_R 与输入电压 U 是否相等,U_L 和 U_C 是否相等。试分析原因。

2. 根据测量数据,绘出不同 Q 值的三条幅频特性曲线: $U_R = f(f)$,$U_L = f(f)$,$U_C = f(f)$。

3. 计算出通频带与 Q 值,说明不同 R 值时对电路通频带与品质因数的影响。

4. 对两种不同的测 Q 值的方法进行比较,分析误差原因。

5. 回答思考题 2、3、4。

6. 总结串联谐振的特点。

实验八 单相电度表的校验

一、 实验目的

1. 了解电度表的工作原理,掌握电度表的接线和使用。

2. 学会测定电度表的技术参数和校验方法。

二、 实验原理

电度表是一种感应式仪表,是根据交变磁场在金属中产生感应电流,从而产生转矩的基本原理而工作的仪表,主要用于测量交流电路中的电能。

1. 电度表的结构和原理

电度表主要由驱动装置、转动铝盘、制动永久磁铁和指示器等部分组成。

驱动装置和转动铝盘:驱动装置有电压铁芯线圈和电流铁芯线圈,在空间上、下排列,中间隔以铝制的圆盘。驱动两个铁芯线圈的交流电,建立起合成的交变磁场,交变磁场穿过铝盘,在铝盘上产生感应电流,该电流与磁场的相互作用,产生转动力矩驱使铝盘转动。

制动永久磁铁:铝盘上方装有一个永久磁铁,其作用是对转动的铝盘产生制动力矩,使铝盘转速与负载功率成正比。因此,在某一测量时间内,负载所消耗的电能 W 就与铝盘的转数 n 成正比。

指示器:电度表的指示器不能像其他指示仪表的指针一样停留在某一位置,而应能随着电能的不断增大(也就是随着时间的延续)而连续地转动,这样才能随时反应出电能积累的数值。因此,它是将转动铝盘通过齿轮传动机构折换为被测电能的数值,由一系列齿轮上的数字直接指示出来。

2. 电度表的技术指标

(1)电度表常数:铝盘单位时间的转数 n 与负载消耗的电能 W 成正比,即

$$N = \frac{n}{W}$$

比例系数 N 称为电度表常数,常在电度表上标明,其单位是 r/(kW·h)。

(2)电度表灵敏度:在额定电压、额定频率及 $\cos\varphi = 1$ 的条件下,负载电流从零开始增大,测出铝盘开始转动的最小电流值 $I_{\min}$,则仪表的灵敏度表示为

$$S = \frac{I_{\min}}{I_N} \times 100\%$$

式中的 I_N 为电度表的额定电流。

(3)电度表的潜动:当负载等于零时电度表仍出现缓慢转动的情况,这种现象称为潜动。按照规定,无负载电流的情况下,外加电压为电度表额定电压的 110%(达 242V)时,观察铝盘的连续转动是否超过一周,凡超过一周者,判为潜动不合格的电度表。

本实验使用 220V、50Hz、1.5A(3A)的电度表,电度表常数 $N = 2400$r/(kW·h),接线图如图 1.1.8-1 所示,其中"黄"、"绿"两端为电流线圈,"黄"、"蓝"两端为电压线圈。

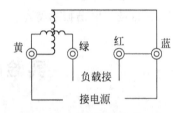

图 1.1.8-1   单相电度表接线

三、 实验设备与元器件

1. 交流电压表、电流表和功率表。
2. 自耦调压器(输出可调交流电压)。
3. 电度表(主控屏上)、EEL-55A 组件(白炽灯)。
4. EEL-51 组件(含 10kΩ/3W 电位器、10kΩ/8W 电阻、51kΩ/8W 电阻)。
5. 秒表。

四、 实验内容

1. 记录被校验电度表的额定数据和技术指标:

额定电流 $I_N =$ A,   额定电压 $U_N =$ V,   电度表常数 $N =$ r/(kW·h)

2. 用功率表、秒表法校验电度表常数

按图 1.1.8-2 连接电路,电度表的接线与功率表相同,其电流线圈与负载串联,电压线圈与负载并联。接通电源,将调压器的输出电压调到 220V,按表 1.1.8-1 的要求接通灯组负载,用秒表定时记录电度表铝盘的转数并记录各表的读数。为了数圈数的准确起见,可将

电度表铝盘上的一小段红色标记刚出现（或刚结束）时作为秒表计时的开始。此外，为了能记录整数转数，可先预定好转数，待电度表铝盘刚转完此转数时，作为秒表测定时间的终点，将所有数据记入表 1.1.8-1 中。

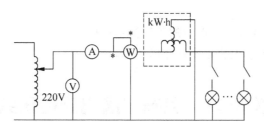

图 1.1.8-2　单相电度表实验电路接线

表 1.1.8-1　校验电度表准确度数据

负载情况 （白炽灯个数）	测 量 值						计 算 值		
	U/V	I/A	P/W	时间/s	转数,n	实测电能 $W/(kW \cdot h)$	计算电能 $W/(kW \cdot h)$	$\Delta W/W$	电度表 常数 N
6									
9									

为了准确和熟悉起见，可重复多做几次。

3. 检查灵敏度

电度表铝盘刚开始转动的电流往往很小，通常只有 $0.5\% I_N$，故将图 1.1.8-2 中的灯组负载拆除，用三个电阻（分别为 $10k\Omega/3W$ 电位器，$5.1k\Omega/8W$ 和 $10k\Omega/8W$ 电阻）相串联作为负载，调节 $10k\Omega/3W$ 电位器，记下使电度表铝盘刚开始转动的最小电流值 I_{min}，然后通过计算求出电度表的灵敏度。

4. 检查电度表潜动是否合格

切断负载，即断开电度表的电流线圈回路，调节调压器的输出电压为额定电压的 110%（即 242V），仔细观察电度表的铝盘是否转动，一般允许有缓慢的转动，但应在不超过一转的任一点上停止，这样，电度表的潜动为合格，反之则不合格。

五、 实验注意事项

1. 实验台配有一只电度表，实验时只要用连接线将电度表正确接线即可。

2. 记录时，同组同学要密切配合，秒表定时，读取转数步调要一致，以确保测量的准确性。

3. 注意功率表和电度表的接线。

六、 预习与思考题

1. 了解电度表的结构、工作原理和接线方法。

2. 电度表有哪些技术指标？如何测定？

七、实验报告要求

1. 整理实验数据，计算出电度表的各项技术指标。
2. 对被校电度表的各项技术指标作出评价。

实验九 互感线圈电路的研究

一、实验目的

1. 学会测定互感线圈同名端、互感系数以及耦合系数的方法。
2. 理解两个线圈相对位置改变以及线圈用不同导磁材料时对互感系数的影响。

二、实验原理

　　一个线圈因另一个线圈中的电流变化而产生感应电动势的现象称为互感现象，这两个线圈称为互感线圈，用互感系数(简称互感)M来衡量互感线圈的这种性能。互感的大小除了与两线圈的几何尺寸、形状、匝数及导磁材料的导磁性能有关外，还与两线圈的相对位置有关。

1. 判断互感线圈同名端的方法

　　同名端即同极性端，当一个线圈的首端流入电流产生的磁场方向与另一个线圈首端流入电流产生的磁场方向相同，则两个首端为同名端；若二线圈产生的磁场方向相反，则一个首端与另一个末端为同名端。同名端取决于两线圈的绕向，知道同名端则可确定互感电压的极性，而不需要知道线圈的绕向。

　　(1) 直流法判断互感线圈同名端
　　如图 1.1.9-1(a)所示，当开关 S 闭合瞬间，若毫安表的指针正偏，则可断定"1"、"3"为同名端；指针反偏，则"1"、"4"为同名端。

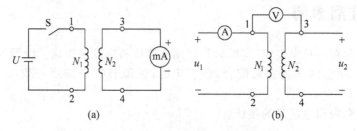

图 1.1.9-1 判断互感线圈的同名端的原理电路

　　(2) 交流法判断互感线圈同名端
　　如图 1.1.9-1(b)所示，将两个绕组 N_1 和 N_2 的任意两端(如 2、4 端)连在一起，在其中的一个绕组(如 N_1)两端加一个低电压,用交流电压表分别测出端电压 U_{13}、U_{12} 和 U_{34},若 U_{13} 是两个绕组端电压之差,则"1"、"3"是同名端;若 U_{13} 是两绕组端电压之和,则"1"、"4"是同名端。

2. 两线圈互感系数 M 的测定

在图 1.1.9-1(b)所示电路中,互感线圈的 N_1 侧施加低压交流电压 U_1,测出 I_1 及 U_2。根据互感电势 $E_{2M} \approx U_{20} = \omega M I_1$,可算得互感系数为

$$M = \frac{U_2}{\omega I_1}$$

3. 耦合系数 K 的测定

两个互感线圈耦合松紧的程度可用耦合系数 K 来表示,定义为

$$K = M / \sqrt{L_1 L_2}$$

其中,L_1 为 N_1 线圈的自感系数,L_2 为 N_2 线圈的自感系数,它们的测定方法如下:先在 N_1 侧加低压交流电压 U_1,测出 N_2 侧开路时的电流 I_1;然后再在 N_2 侧加电压 U_2,测出 N_1 侧开路时的电流 I_2,根据自感电势 $E_L \approx U = \omega L I$,可分别求出自感 L_1 和 L_2。当已知互感系数 M,便可算得 K 值。

三、 实验设备与元器件

1. 直流数字电压表、毫安表(在主控制屏上)。
2. 交流数字电压表、电流表(在主控制屏上)。
3. 互感线圈、铁棒、铝棒。
4. EEL-51 组件、EEL-54A 组件(470Ω/1W 可调电位器)。
5. 带功率输出的函数信号发生器、交流毫伏表。

四、 实验内容

1. 测定互感线圈的同名端

(1) 直流法

实验电路如图 1.1.9-2 所示,将线圈 N_1、N_2 同心式套在一起,并放入铁芯。U_1 为可调直流稳压电源,调至 6V,然后改变可变电阻器 R(由大到小地调节),使流过 N_1 侧的电流不超过 0.4A,N_2 侧直接接入 2mA 量程的毫安表。将铁芯迅速地拔出和插入,观察毫安表正、负读数的变化,来判定 N_1 和 N_2 两个线圈的同名端。

(2) 交流法

实验电路如图 1.1.9-3 所示,将小线圈 N_2 套在线圈 N_1 中。N_1 串接电流表(选 0~5A 的量程)后接至自耦调压器的输出,并在两线圈中插入铁芯。若用自耦调压器作实验电源,实验前首先要保证手柄置在零位。使自耦调压器或带功率输出的函数信号发生器。输出一个很低的电压(约2V),使流过电流表的电流小于 1.5A,然后用 0~20V 量程的交流电压表或交流毫伏表测量 U_{13}、U_{12}、U_{34},判定同名端。

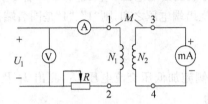

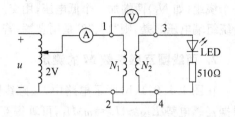

图 1.1.9-2　直流法判断同名端的实验电路　　　　图 1.1.9-3　交流法判断同名端的实验电路

拆去"2"、"4"的连线,并将"2"、"3"相接,重复上述步骤,判定同名端。

2. 测定两线圈的互感系数 M

在图 1.1.9-2 所示电路中,互感线圈的 N_2 开路,N_1 侧施加 2V 左右的交流电压 U_1,测出并记录 U_1、I_1、U_2。

3. 测定两线圈的耦合系数 K

在图 1.1.9-2 所示电路中,N_1 开路,互感线圈的 N_2 侧施加 2V 左右的交流电压 U_2,测出并记录 U_2、I_2、U_1。

4. 研究影响互感系数大小的因素

在图 1.1.9-3 所示电路中,线圈 N_1 侧施加 2V 左右交流电压,N_2 侧接入 LED 发光二极管与 510Ω 电阻串联的支路。

(1) 将铁芯慢慢地从两线圈中抽出和插入,观察 LED 亮度及各电表读数的变化,记录变化现象。

(2) 改变两线圈的相对位置,观察 LED 亮度及各电表读数的变化,记录变化现象。

(3) 改用铝棒替代铁棒,重复步骤(1)、(2),观察 LED 亮度及各电表读数的变化,记录变化现象。

五、 实验注意事项

1. 整个实验过程中,注意流过线圈 N_1 的电流不超过 1.5A,流过线圈 N_2 的电流不得超过 1A。

2. 测定同名端及其他测量数据的实验中,都应将小线圈 N_2 套在大线圈 N_1 中,并插入铁芯。

3. 如实验室有 200Ω、2A 的滑线变阻器或大功率的负载,则可接在交流实验时的 N_1 侧。

4. 若用自耦调压器作实验电源,实验前首先要保证手柄置在零位。因实验时所加的电压只有 2~3V 左右,因此调节时要特别仔细、小心,要随时观察电流表的读数,不得超过规定值,以免烧毁线圈。

六、 预习与思考题

1. 什么是自感？什么是互感？在实验中如何测定？

2. 如何判断两个互感线圈的同名端？若已知线圈的自感和互感,两个互感线圈相串联的总电感与同名端有何关系？

3. 互感的大小与哪些因素有关？各个因素如何影响互感的大小？

七、 实验报告要求

1. 根据实验内容 1 的现象,总结测定互感线圈同名端的方法,回答思考题 2。

2. 根据实验内容 2 的数据,计算互感系数 M。

3. 根据实验内容 2、3 的数据,计算耦合系数 K。

4. 根据实验内容 4 的现象,回答思考题 3。

实验十　三相交流电路电压、电流的测量

一、 实验目的

1. 掌握三相负载的星形连接和三角形连接。

2. 了解三相电路线电压与相电压、线电流与相电流之间的关系。

3. 了解三相四线制供电系统中线的作用。

4. 观察线路故障时的情况。

二、 实验原理

电源用三相四线制向负载供电,三相负载可接成星形(Y形)或三角形($\triangle$形)。当三相对称负载作Y形连接时,线电压 U_l 是相电压 U_p 的$\sqrt{3}$倍,线电流 I_l 等于相电流 I_p,即:$U_l = \sqrt{3}U_p$,$I_l = I_p$,流过中线的电流 $I_N = 0$;作$\triangle$形连接时,线电压 U_l 等于相电压 U_p,线电流 I_l 是相电流 I_p 的$\sqrt{3}$倍,即:$I_l = \sqrt{3}I_p$,$U_l = U_p$。

不对称三相负载作Y形连接时,必须采用Y_0接法,中线必须牢固连接,以保证三相不对称负载的每相电压等于电源的相电压(三相对称电压)。若中线断开,会导致三相负载电压的不对称,致使负载轻的一相的相电压过高,使负载遭受损坏,负载重的一相相电压又过低,使负载不能正常工作;对于不对称负载作$\triangle$形连接时,$I_l \neq \sqrt{3}I_p$,但只要电源的线电压 U_l 对称,加在三相负载上的电压仍是对称的,对各相负载工作没有影响。

本实验用三相调压器调压输出作为三相交流电源,用三组白炽灯作为三相负载,线电流、相电流、中线电流用电流插头和插座测量。

三、实验设备与元器件

1. 自耦调压器(在主控制屏上)。
2. 交流电压表、电流表(在主控制屏上)。
3. EEL-55A 组件。

四、实验内容

1. 三相负载星形连接(三相四线制供电)

实验电路如图 1.1.10-1 所示,将白炽灯按图所示,连接成星形接法。用三相调压器调

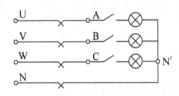

图 1.1.10-1 三相负载星形
连接实验电路

压输出作为三相交流电源,具体操作如下:将三相调压器的旋钮置于三相电压输出为 0V 的位置(即逆时针旋到底的位置),然后旋转旋钮,调节调压器的输出,使输出的三相线电压为 220V。测量线电压和相电压,并记录数据。

(1) 在有中线的情况下,测量三相负载对称和不对称时的各相电流、中线电流和各相电压,将数据记入表 1.1.10-1 中,并记录各灯的亮度。

表 1.1.10-1　负载星形连接实验数据

中线连接	每相灯数			负载相电压/V			电流/A				$U_{NN'}$/V	亮度比较 A、B、C
	A	B	C	U_A	U_B	U_C	I_A	I_B	I_C	I_N		
有	1	1	1									
	1	2	1									
	1	断开	2									
无	1	断开	2									
	1	2	1									
	1	1	1									
	1	短路	3									

(2) 在无中线的情况下,测量三相负载对称和不对称时的各相电流、各相电压和电源中点 N 到负载中点 N′的电压 $U_{NN'}$,将数据记入表 1.1.10-1 中,并记录各灯的亮度。

2. 三相负载三角形连接

实验电路如图 1.1.10-2 所示,将白炽灯按图所示连接成三角形接法。调节三相调压器的输出电压,使输出的三相线电压为 220V。测量三相负载对称和不对称时的各相电流、线电流和各相电压,将数据记入表 1.1.10-2 中,并记录

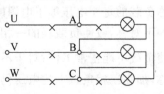

图 1.1.10-2　三相负载三角形
连接实验电路

各灯的亮度。

表 1.1.10-2　负载三角形连接实验数据

每相灯数			相电压/V			线电流/A			相电流/A			亮度比较
A—B	B—C	C—A	U_{AB}	U_{BC}	U_{CA}	I_A	I_B	I_C	I_{AB}	I_{BC}	I_{CA}	
1	1	1										
1	2	3										

五、 实验注意事项

1．每次接线完毕,应认真检查后方可接通电源,必须严格遵守先接线、后通电,先断电、后断线的实验操作原则。

2．星形负载做某相短路的实验,只允许在无中线的情况下进行。

3．测量、记录各电压、电流时,注意分清它们是哪一相、哪一线,防止记错。

六、 预习与思考题

1．三相负载根据什么原则作星形或三角形连接?本实验为什么在实验内容 1、内容 2 都将三相电源线电压设定为 220V?

2．三相负载按星形或三角形连接,它们的线电压与相电压、线电流与相电流有何关系?当三相负载对称时又有何关系?

3．说明在三相四线制供电系统中中线的作用。中线上能安装保险丝吗?为什么?

七、 实验报告要求

1．根据实验数据,总结在负载为星形连接时,$U_l = \sqrt{3}U_p$ 成立的条件;为三角形连接时,$I_l = \sqrt{3}I_p$ 成立的条件。

2．用实验数据和观察到的现象,总结三相四线制供电系统中中线的作用。

3．根据实验数据说明:不对称三角形连接的负载也能正常工作。

4．根据不对称负载三角形连接时的实验数据,画出各相电压、相电流和线电流的相量图,并论证实验数据的正确性。

实验十一　三相电路功率的测量

一、 实验目的

1．学会用功率表测量三相电路功率的方法。

2．掌握功率表的接线和使用方法。

二、实验原理

1．三相四线制供电，负载星形连接

对于三相不对称负载，用三个单相功率表测量，测量电路如图 1.1.11-1 所示，三个单相功率表的读数为 P_{W_1}、P_{W_2}、P_{W_3}，则三相功率 $P = P_{W_1} + P_{W_2} + P_{W_3}$。

这种测量方法称为三瓦特表法；对于三相对称负载，用一个单相功率表测量即可，若功率表的读数为 P_W，则三相功率 $P = 3P_W$，称为一瓦特表法。

2．三相三线制供电

三相三线制供电系统中，不论三相负载是否对称，也不论负载是 Y 形连接还是 △ 形连接，都可用二瓦特表法测量三相负载的有功功率。测量电路如图 1.1.11-2 所示，若两个功率表的读数为 W_1、W_2，则三相功率

$$P = P_{W_1} + P_{W_2} = U_{13}I_1\cos\alpha + U_{23}I_2\cos\beta$$

其中 α 是 U_{13} 和 I_1 之间的相位差角，而 β 是 U_{23} 和 I_2 之间的相位差角。

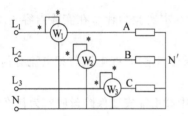

图 1.1.11-1 三表法测量电路

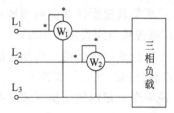

图 1.1.11-2 二表法测量电路

特殊情况：当三相负载对称时有 $P = P_{W_1} + P_{W_2} = U_lI_l\cos(30°-\varphi) + U_lI_l\cos(30°+\varphi)$，其中 φ 为负载的阻抗角（即功率因数角），两个功率表的读数与 φ 有下列关系。

（1）当负载为纯电阻时，$\varphi = 0$，$W_1 = W_2$，即两个功率表读数相等。

（2）当负载功率因数 $\cos\varphi = 0.5$ 时，$\varphi = \pm 60°$，将有一个功率表的读数为零。

（3）当负载功率因数 $\cos\varphi > 0.5$ 时，$|\varphi| < 60°$，则有一个功率表的读数为负值，该功率表指针将反方向偏转，这时应将功率表电流线圈的两个端子调换（不能调换电压线圈端子），而读数应记为负值。对于数字式功率表将出现负读数。这时有

$$P = P_{W_1} + (-P_{W_2}) = P_{W_1} - P_{W_2}$$

3．测量三相对称负载的无功功率

对于三相三线制供电的三相对称负载，可用一瓦特表法测得三相负载的总无功功率 Q，电路如图 1.1.11-3 所示。功率表读数为

$$P_{W_1} = U_{23}I_1\cos\varphi'$$

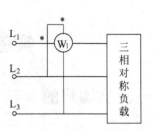

图 1.1.11-3 无功功率测量

其中 φ' 是线电压 U_{23} 与相电流 I_1 之间的相位差角,当负载为对称时,有 $\varphi'=120°-30°+\varphi$。

其中 φ 是相电压 U_1 与相电流 I_1 之间的相位差角,即负载的阻抗角,所以有

$$P_{W_1}=U_{23}I_1\cos(120°-30°+\varphi)=\sqrt{3}U_pI_p\sin\varphi$$

则对称三相负载的无功功率为

$$Q=3Q_p=3U_pI_p\sin\varphi=\sqrt{3}P_{W_1}$$

三、 实验设备与元器件

1. 交流电压表、电流表、功率表(在主控制屏上)。
2. 自耦调压器(在主控制屏上)。
3. EEL-55A 组件、EEL-60 组件。

四、 实验内容

1. 三相四线制供电,测量负载星形连接的三相功率

(1) 用一瓦特表法测定三相对称负载的三相功率,实验电路如图 1.1.11-4 所示,线路中的电流表和电压表用以监视三相电流和电压,不要超过功率表电压和电流的量程。经认真检查后,接通三相电源开关,将调压器的输出由 0V 调到 380V(线电压),按表 1.1.11-1 的要求进行测量及计算,将数据记入表中。

表 1.1.11-1 三相四线制负载星形连接数据

负载情况	开　灯　盏　数			测　量　数　据			计算值
	A 相	B 相	C 相	P_A/W	P_B/W	P_C/W	P/W
Y_0 接对称负载	3	3	3				
Y_0 接不对称负载	1	2	3				

(2) 用三瓦特表法测定三相不对称负载的三相功率,本实验用一个功率表分别测量每相功率,实验电路如图 1.1.11-4 所示,步骤与(1)相同,将数据记入表 1.1.11-1 中。

2. 三相三线制供电,测量三相负载功率

(1) 用二瓦特表法测量三相负载星形连接的三相功率,实验电路如图 1.1.11-5(a)所示,图中"三相灯组负载"见图 1.1.11-5(b)。经认真检查后,接通三相电源,调节三相调压器的输出,使线电压为 220V,按表 1.1.11-2 的内容进行测量计算,并将数据记入表中。

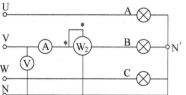

图 1.1.11-4 一表法测量实验电路

(2) 将三相灯组负载改成三角形接法,如图 1.1.11-5(c)所示,重复实验内容 2 中(1)的

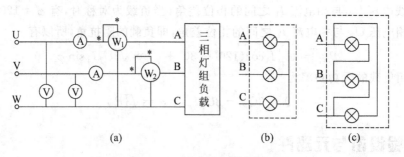

图 1.1.11-5 二表法测量实验电路

测量步骤,将数据记入表 1.1.11-2 中。

表 1.1.11-2 三相三线制三相负载功率数据

负 载 情 况	开 灯 盏 数			测 量 数 据		计算值
	A 相	B 相	C 相	P_1/W	P_2/W	P/W
Y 连接对称负载	3	3	3			
Y 连接不对称负载	1	2	3			
△连接不对称负载	1	2	3			
△连接对称负载	3	3	3			

3. 三相对称负载的无功功率测量

用一瓦特表法测定三相对称星形负载的无功功率,实验电路如图 1.1.11-6(a)所示,图中"三相对称负载"见图 1.1.11-6(b),每相负载由三个白炽灯组成。检查接线无误后,接通三相电源,将三相调压器的输出线电压调到 380V,将测量数据记入表 1.1.11-3 中。

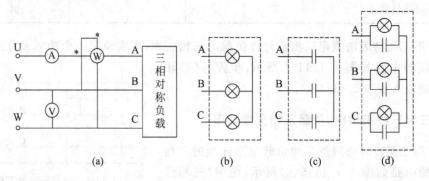

图 1.1.11-6 一瓦特表法测定三相对称星形负载的无功功率实验电路

改变三相负载性质,将图 1.1.11-6(a)中的"三相对称负载"分别按图 1.1.11-6(c)、图 1.1.11-6(d)连接,按表 1.1.11-3 的内容进行测量、计算,并将数据记入表中。

表 1.1.11-3　三相对称负载无功功率数据

负载情况	测量值			计算值
	U_{VW}/V	I_U/A	P_W/W	$Q=\sqrt{3}P_W$
三相对称灯组(每相 3 盏)				
三相对称电容(每相 4.3μF)				
上述灯组、电容并联负载				

五、 实验注意事项

1. 每次实验完毕,均需将三相调压器旋钮调回零位。
2. 如改变接线,均需断开三相电源,以确保人身安全。

六、 预习与思考题

1. 复习二瓦特表法测量三相电路有功功率的原理。
2. 复习一瓦特表法测量三相对称负载无功功率的原理。
3. 测量功率时为什么在线路中通常都接有电流表和电压表?
4. 实验时将三相电源线电压调到 220V,则其相电压是多少?

七、 实验报告要求

1. 整理、计算表 1.1.11-1、表 1.1.11-2 和表 1.1.11-3 的数据,并和理论计算值相比较。
2. 根据表 1.1.11-3 的数据,总结负载无功功率为零、不为零的条件及原因。
3. 总结三相电路功率测量的方法。

实验十二　功率因数表的使用及相序测量

一、 实验目的

1. 掌握三相交流电路相序的测量方法。

2. 熟悉功率因数表的使用方法,了解负载性质对功率因数的影响。

二、 实验原理

1. 相序指示器

相序指示器的原理电路如图 1.1.12-1 所示,它是由一个

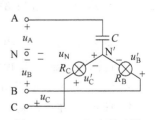

图 1.1.12-1　相序指示器
原理电路

电容器和两个白炽灯按星形连接组成的电路,用来指示三相电源的相序。

在图 1.1.12-1 所示电路中,设 u_A、u_B、u_C 为三相对称电源相电压,中点电压相量为

$$\dot{U}_N = \frac{\dfrac{\dot{U}_A}{-jX_C} + \dfrac{\dot{U}_B}{R_B} + \dfrac{\dot{U}_C}{R_C}}{\dfrac{1}{-jX_C} + \dfrac{1}{R_B} + \dfrac{1}{R_C}}$$

设 $X_C = R_B = R_C$,$\dot{U}_A = U_p \angle 0° = U_p$,代入上式得

$$\dot{U}_N = (-0.2 + j0.6)U_p$$

则

$$\dot{U}'_B = \dot{U}_B - \dot{U}_N = (-0.3 - j1.466)U_p, \quad U'_B = 1.49U_p$$

$$\dot{U}'_C = \dot{U}_C - \dot{U}_N = (-0.3 + j0.266)U_p, \quad U'_C = 0.4U_p$$

可见 $U'_B > U'_C$,B 相的白炽灯比 C 相的亮。

综上所述,用相序指示器指示三相电源相序的方法是:如果连接电容器的一相是 A 相,那么,白炽灯较亮的一相是 B 相,较暗的一相是 C 相。

2. 负载的功率因数

在图 1.1.12-2(a)所示电路中,负载的有功功率 $P = UI\cos\varphi$,其中 $\cos\varphi$ 为功率因数,功率因数角 $\varphi = \arctan\dfrac{X_L - X_C}{R}$,且 $-90° \leqslant \varphi \leqslant 90°$。

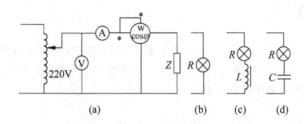

图 1.1.12-2　负载功率因数测量实验电路

当 $X_L > X_C$ 时,$\varphi > 0°$,$\cos\varphi > 0$,为感性负载;当 $X_L < X_C$ 时,$\varphi < 0°$,$\cos\varphi > 0$,为容性负载;当 $X_L = X_C$,$\varphi = 0°$,$\cos\varphi = 1$,电路谐振,表现为电阻性负载。可见,功率因数的大小和性质由负载参数的大小和性质决定。

三、 实验设备与元器件

1. 交流电压表、电流表、功率表和功率因数表(在主控制屏上)。

2. 自耦调压器(在主控制屏上)。

3. EEL-55A 组件、EEL-60 组件。

4. 日光灯(在主控制屏上)。

四、 实验内容

1. 测定三相电源的相序

(1) 按图 1.1.12-1(a)接线,图中,$C=2.2\mu F$,R_B、R_C 为两个 220V、25W 的白炽灯,调节三相调压器,输出线电压为 220V 的三相交流电压,测量电容器、白炽灯电压和中点电压 U_N,观察灯光明亮状态,做好记录。设电容器一相为 A 相,试判断 B、C 相。

(2) 将电源线任意调换两相后,再接入电路,重复步骤(1),并指出三相电源的相序。

2. 负载功率因数的测定

按图 1.1.12-2(a)接线,阻抗 Z 分别用电阻(220V、25W 白炽灯)、感性负载(220V、25W 白炽灯和镇流器串联)和容性负载(220V、25W 白炽灯和 4.3μF 电容器串联)代替,如图 1.1.12-2(b)、(c)、(d)所示,将测量数据记入表 1.1.12-1 中。

表 1.1.12-1　测定负载功率因数数据

负载情况	U/V	I/A	P/W	$\cos\varphi$	负载性质
电阻					
感性负载					
容性负载					

五、 实验注意事项

1. 每次改接线路都必须先断开电源。
2. 功率表和功率因数表实验板不需专门接线,实验中只连接电流表和电压表即可。

六、 预习与思考题

1. 在图 1.1.12-1 所示电路中,已知电源线电压为 220V,试计算电容器和白炽灯的电压。
2. 什么是负载的功率因数?它的大小和性质由什么决定?
3. 测量负载的功率因数有几种方法?如何测量?

七、 实验报告要求

1. 简述实验电路的相序检测原理。
2. 根据电压表、电流表和功率表的读数计算出 $\cos\varphi$,与功率因数表的读数比较。
3. 分析负载性质与 $\cos\varphi$ 的关系。

实验十三 　二端口网络测试

一、 实验目的

1. 加深理解二端口网络的基本理论。
2. 掌握直流二端口网络传输参数的测试方法。

二、 实验原理

1. 二端口网络的传输方程

对于任何一个线性二端口网络,通常关心的往往只是输入端口和输出端口电压和电流间的相互关系。二端口网络端口的电压和电流四个变量之间的关系,可以用多种形式的参数方程来表示。本实验采用输出端口的电压 U_2 和电流 I_2 作为自变量,以输入端口的电压 U_1 和电流 I_1 作为因变量,所得的方程称为二端口网络的传输方程。如图 1.1.13-1 所示的无源线性二端口网络的传输方程为

图 1.1.13-1 　二端口网络

$$U_1 = AU_2 + B(-I_2)$$
$$I_1 = CU_2 + D(-I_2)$$

式中,A、B、C、D 为二端口网络的传输参数,其值完全决定于网络的拓扑结构及各支路元件的参数值,这四个参数表征了该二端口网络的基本特性。

2. 二端口网络传输参数的测试方法

(1) 二端口同时测量法

在网络的输入端口加上电压,在两个端口同时测量其电压和电流,由传输方程可得 A、B、C、D 四个参数:

$$A = \frac{U_{1o}}{U_{2o}} \quad (令 I_2 = 0,即输出端口开路时)$$

$$B = \frac{U_{1S}}{-I_{2S}} \quad (令 U_2 = 0,即输出端口短路时)$$

$$C = \frac{I_{1o}}{U_{2o}} \quad (令 I_2 = 0,即输出端口开路时)$$

$$D = \frac{I_{1S}}{-I_{2S}} \quad (令 U_2 = 0,即输出端口短路时)$$

(2) 二端口分别测量法

先在输入端口加电压,而将输出端口分别开路和短路,测量输入口的电压和电流,由传输方程可得

$$R_{1o} = \frac{U_{1o}}{I_{1o}} = \frac{A}{C} \quad (令 I_2 = 0, 即输出端口开路时)$$

$$R_{1S} = \frac{U_{1S}}{I_{1S}} = \frac{B}{D} \quad (令 U_2 = 0, 即输出端口短路时)$$

然后在输出端口加电压,而将输入端口分别开路和短路,测量输出端口的电压和电流,由传输方程可得

$$R_{2o} = \frac{U_{2o}}{I_{2o}} = \frac{D}{C} \quad (令 I_1 = 0, 即输入端口开路时)$$

$$R_{2S} = \frac{U_{2S}}{I_{2S}} = \frac{B}{A} \quad (令 U_1 = 0, 即输入端口短路时)$$

R_{1o}、R_{1S}、R_{2o}、R_{2S}分别表示一个端口开路和短路时另一端口的等效输入电阻,这四个参数中有三个是独立的,因此,只要测量出其中任意三个参数(如 R_{1o}、R_{2o}、R_{2S}),与方程 $AD - BC = 1$ 联立,便可求出四个传输参数:

$$A = \sqrt{R_{1o}/(R_{2o} - R_{2S})}, \quad B = R_{2S}A, \quad C = A/R_{1o}, \quad D = R_{2o}C$$

3. 二端口网络的级联

两个二端口网络级联后的等效二端口网络的传输参数亦可采用上述方法之一求得。根据二端口网络理论推得,二端口网络 1 与 2 级联后等效的二端口网络传输参数,与网络 1 和网络 2 的传输参数之间有如下关系:

$$A = A_1 A_2 + B_1 C_2, \quad B = A_1 B_2 + B_1 D_2, \quad C = C_1 A_2 - D_1 C_2, \quad D = C_1 B_2 + D_1 D_2$$

三、 实验设备与元器件

1. 直流数字电压表、直流数字毫安表(在主控制屏上)。
2. 恒压源(在主控制屏上)。
3. EEL-52 组件。

四、 实验内容

实验电路如图 1.1.13-2(a)、(b)所示,其中图(a)为 T 型网络,图(b)为 Π 型网络。将恒压源的输出电压调到 10V,作为二端口网络的输入电压 U_1,各个电流均用电流插头、插座测量。

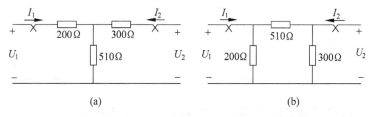

(a)　　　　　　　　　　　　　(b)

图 1.1.13-2　二端口网络实验电路

1. 用"二端口同时测量法"测定二端口网络传输参数

根据"二端口同时测量法"的原理和方法,按照表 1.1.13-1 的内容,测量图 1.1.13-2(a)所示二端口网络的电压、电流,并计算出传输参数 A_2、B_2、C_2、D_2,将数据记入表中。按照表 1.1.13-2 的内容,测量图 1.1.13-2(b)所示二端口网络的电压、电流,并计算出传输参数 A_2、B_2、C_2、D_2,将数据记入表中。

表 1.1.13-1　测定传输参数的实验数据一

双口网络1		测　量　值			计　算　值	
	输出端口开路 $I_2=0$	U_{10}/V	U_{20}/V	I_{10}/mA	A_1	C_1
	输出端口短路 $U_2=0$	U_{1S}/V	I_{1S}/mA	I_{2S}/mA	B_1	D_1

表 1.1.13-2　测定传输参数的实验数据二

双口网络3		测　量　值			计　算　值	
	输出端口开路 $I_2=0$	U_{10}/V	U_{20}/V	I_{10}/mA	A_2	C_2
	输出端口短路 $U_2=0$	U_{1S}/V	I_{1S}/mA	I_{2S}/mA	B_2	D_2

2. 用"二端口分别测量法"测定级联二端口网络传输参数

将图 1.1.13-2(a)所示二端口网络的输出端口与图 1.1.13-2(b)所示二端口网络的输入端口连接,组成级联二端口网络,根据"二端口分别测量法"的原理和方法,按照表 1.1.13-3 的内容,分别测量级联二端口网络输入端口和输出端口的电压、电流,并计算出等效输入电阻和传输参数 A、B、C、D,将所有数据记入表中。

表 1.1.13-3　测定级联二端口网络传输参数的实验数据

输出端口开路,$I_2=0$			输出端口短路,$U_2=0$			计算传输参数	
U_{10}/V	I_{10}/mA	R_{10}	U_{1S}/V	I_{1S}/mA	R_{1S}		
						A	
输入端口开路,$I_1=0$			输入端口短路,$U_1=0$			B	
U_{20}/V	I_{20}/mA	R_{20}	U_{2S}/V	I_{2S}/mA	R_{2S}	C	
						D	

3. 用"二端口同时测量法"测定有源二端口网络传输参数

对 EEL-52 组件上给出的其他的双口网络,重复实验内容 1 的步骤,测量其传输参数,将实验数据记入自拟的数据表格中。

五、 实验注意事项

1. 用电流插头插座测量电流时,要注意判别电流表的极性(先进行电流方向的标定)、选取适合的量程(根据所给的电路参数,估算电流表量程)。

2. 两个二端口网络级联时,应将一个二端口网络的输出端口与另一个二端口网络的输入端连接。

六、 预习与思考题

1. 说明各二端口网络的传输参数,它们有何物理意义?

2. 试述二端口网络"同时测量法"与"分别测量法"的测量步骤、优缺点及其适用场合。

3. 用两个二端口网络组成的级联二端口网络的传输参数如何测定?

七、 实验报告要求

1. 整理各个表格中的数据,完成指定的计算。

2. 写出各个二端口网络的传输方程。

3. 验证级联二端口网络的传输参数与级联的两个二端口网络传输参数之间的关系。

4. 回答思考题 1、2、3。

实验十四　回转器特性测试

一、 实验目的

1. 了解回转器的结构和基本特性。

2. 测量回转器的基本参数。

3. 了解回转器的应用。

二、 实验原理

回转器是一种有源非互易的两端口网络元件,其电路符号及其等值电路如图 1.1.14-1(a)、(b)所示。

理想回转器的导纳方程为

$$\begin{bmatrix} \dot{I}_1 \\ \dot{I}_2 \end{bmatrix} = \begin{bmatrix} 0 & G \\ -G & 0 \end{bmatrix} \begin{bmatrix} \dot{U}_1 \\ \dot{U}_2 \end{bmatrix}$$

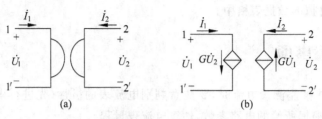

图 1.1.14-1   回转器

或写成

$$\dot{I}_1 = G\dot{U}_2, \quad \dot{I}_2 = -G\dot{U}_1$$

也可写成阻抗方程

$$\begin{bmatrix} \dot{U}_1 \\ \dot{U}_2 \end{bmatrix} = \begin{bmatrix} 0 & -R \\ +R & 0 \end{bmatrix} \begin{bmatrix} \dot{I}_1 \\ \dot{I}_2 \end{bmatrix}$$

或写成

$$\dot{U}_1 = -R\dot{I}_2, \quad \dot{U}_2 = R\dot{I}_1$$

式中,G 和 R 分别称为回转电导和回转电阻,简称回转常数。若在 2—2′端口接一负载电容 C,从 1—1′端口看进去的导纳 Y_i 为

$$Y_i = \frac{\dot{I}_1}{\dot{U}_1} = \frac{G\dot{U}_2}{-\dot{I}_2/G} = \frac{-G^2 \dot{U}_2}{\dot{I}_2}$$

又因为 $\dfrac{\dot{U}_2}{\dot{I}_2} = -Z_L = -\dfrac{1}{j\omega C}$,所以 $Y_i = \dfrac{G^2}{j\omega C} = \dfrac{1}{j\omega L}$,其中 $L = \dfrac{C}{G^2}$。

可见,从 1—1′端口看进去就相当于一个电感,即回转器能把一个电容元件"回转"成一个电感元件,所以也称其为阻抗逆变器。由于回转器有阻抗逆变作用,在集成电路中得到广泛应用。因为在集成电路制造中,制造一个电容元件比制造电感元件容易得多,所以通常用一带有电容负载的回转器来获得一个较大的电感负载。

三、 实验设备与元器件

1. 信号源。
2. 交流毫伏表。
3. 双踪示波器。
4. EEL-54A 组件(含回转器)。

四、 实验内容

1. 测定回转器的回转常数

实验电路如图 1.1.14-2 所示,在回转器的 2—2′端口接纯电阻性负载 R_L(电阻箱),取样

电阻 $R_S=1k\Omega$,信号源频率固定在 1kHz,信号源电压为 1~2V。用交流毫伏表测量不同负载电阻 R_L 时的 U_1、U_2 和 U_{R_S},并计算相应的电流 I_1、I_2 和回转常数 G,记入表 1.1.14-1 中。

表 1.1.14-1 测定回转常数的实验数据

$R_L/k\Omega$	测 量 值		计 算 值				
	U_1/V	U_2/V	I_1/mA	I_2/mA	$G'=I_1/U_2$	$G''=I_2/U_1$	$G_{平均}=(G'+G'')/2$
0.5							
1							
1.5							
2							
3							
4							
5							

2. 测试回转器的阻抗逆变性质

（1）观察相位关系

实验电路如图 1.1.14-2 所示。在回转器 2—2′端口的电阻负载 R_L 用电容 C 代替,且 $C=0.1\mu F$,用双踪示波器观察回转器输入电压 U_1 和输入电流 I_1 之间的相位关系。图中的 R_S 为电流取样电阻,因为电阻两端的电压波形与通过电阻的电流波形同相,所以用示波器观察 U_{R_S} 上的电压波形就反映了电流 I_1 的相位。

（2）测量等效电感

在 2—2′两端接负载电容 $C=0.1\mu F$,用交流毫伏表测量不同频率时的等效电感,并算出 I_1、L'、L 及误差 ΔL,分析 U、U_1、U_{R_S} 之间的相量关系。

3. 测量谐振特性

实验电路如图 1.1.14-3 所示,图中,$C_1=1\mu F$,$C_2=0.1\mu F$,取样电阻 $R_S=1k\Omega$。用回转器作电感,与 C_1 构成并联谐振电路。信号源输出电压有效值为 2V 并保持恒定,在不同频率时用交流毫伏表测量表 1.1.14-2 中规定的各个电压,并找出 U_1 的峰值。将测量数据和计算值记入表中。

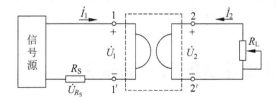

图 1.1.14-2 回转器实验电路一

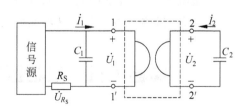

图 1.1.14-3 回转器实验电路二

表 1.1.14-2　谐振特性实验数据

参数＼f/Hz	200	400	500	700	800	900	1000	1200	1300	1500	2000
U_1/V											
U_{R_S}/V											
$I_1=U_{R_S}/R_S$											
$L'=U_1/2\pi f I_1$											
$L=C/G^2$											
$\Delta L=L'-L$											

五、实验注意事项

1. 本实验的回转器采用运算放大器实现,故必须连接±12V 电源及接地端。

2. 回转器正常工作条件是 U、I 的波形必须是正弦波,为避免运放进入饱和状态使波形失真,所以输入电压以不超过 2V 为宜。

3. 防止运放输出对地短路。

4. 测量 U_1 和 U_{R_S} 时,为保证信号源与交流毫伏表共地,R_S 的位置可等效调整。

六、预习与思考题

1. 什么是回转器? 用导纳方程说明回转器输入和输出的关系。

2. 什么是回转常数? 如何测定回转电导?

3. 说明回转器的阻抗逆变作用及其应用。

七、实验报告要求

1. 根据表 1.1.14-1 中数据计算回转电导。

2. 根据实验内容 2 的结果,画出电压、电流波形,说明回转器的阻抗逆变作用,并计算等效电感值。

3. 根据表 1.1.14-2 中的数据,画出并联谐振曲线,找到谐振频率,并和计算值相比较。

4. 从各实验结果中总结回转器的性质、特点和应用。

实验十五　三相鼠笼式异步电动机的认识

一、实验目的

1. 进一步认识三相鼠笼式异步电动机的结构,熟悉铭牌标注和外形特征。

2．通过实验学会三相鼠笼式异步电动机定子绕组首端、末端的判断方法和绝缘电阻测量方法。

3．了解三相鼠笼式异步电动机直接起动和降压起动的方法和特点。

二、 实验原理

1．三相鼠笼式异步电动机的结构

三相鼠笼式异步电动机是一种实现能量转换的电磁装置,将三相交流电能转换成旋转运动的机械能。三相鼠笼式异步电动机的主要部件是由定子和转子两大部分组成。此外,还有端盖、机座、轴承、风扇等部件。其中定子是由机座、定子铁芯和定子绕组组成,是电动机的静止部分;转子由转子铁芯、转轴和鼠笼式转子绕组等组成,是电动机的运动部分。三相鼠笼式异步电动机的结构组成如图 1.1.15-1 所示。

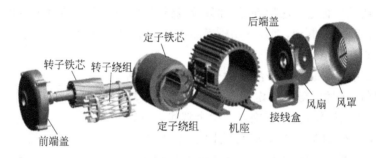

图 1.1.15-1 三相鼠笼式异步电动机的结构组成

2．三相鼠笼式异步电动机的铭牌标注

三相鼠笼式异步电动机的铭牌是用于标注电动机主要技术参数的额定值,一般电动机铭牌上标注有电动机的型号、额定功率、额定电压、额定电流、额定转速、频率、接法和工作方式等。

型号用于说明电动机的系列、机械结构和磁极数。额定功率说明电动机轴上输出机械功率的额定值。额定电压说明电动机额定工作状态下,电动机三相定子绕组上接入的三相电源线电压值。接法说明电动机额定工作状态下,对应电动机的额定电压其定子绕组相对应的接法。额定电流说明电动机额定工作状态下,接入三相电动机三相定子绕组的三相电源线的电流值。额定转速说明电动机在额定工作状态、额定负载下,电动机转子轴的旋转速度。

3．三相鼠笼式异步电动机的测试

三相电动机定子绕组由三个线圈构成,每个线圈有一个首端、一个末端,共有六根接线引出接到机座上的接线盒内。一般在接线盒上标注有 U_1、V_1、W_1 和 U_2、V_2、W_2,其中,U_1、V_1、W_1 分别表示三个绕组的首端,U_2、V_2、W_2 分别表示三个绕组的末端,如图 1.1.15-2(a) 所示。在电动机选择星形(Y形)接法时,将电动机的三个末端短接,再将首端分别接三相电源的相线,如图 1.1.15-2(b)所示;选择三角形(△形)接法时,将电动机的异相绕组的首端与末端短接,再将首端分别接三相电源的相线,如图 1.1.15-2(c)所示。

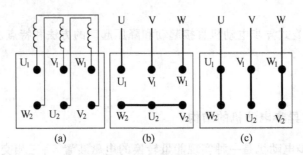

图 1.1.15-2　三相鼠笼式异步电动机的三相绕组接线图
(a) 接线盒内绕组端点排列；(b) 星形(Y形)接法接线示意；(c) 三角形(△形)接法接线示意

(1) 三相电动机定子绕组的首、末端测量

正常情况下,电动机的接线盒上会明确标注出每个接线端的标记,但由于某种原因使定子绕组六个出线端的标记无法辨别时,如果接线错误,电动机在起动时磁势和电流就会引起不平衡,造成绕组发热、振动,直到电动机不能正常起动,因过热而烧毁。电动机可通过如下实验方法来区别三个绕组,并识别其首、末端。

区别绕组：用万用表欧姆挡测量六个出线端中每两个出线端的阻值,通过电阻值确定属于同一相的两个端线,找出三相绕组的端线,在三相绕组的两个端线上分别标上 U_1、U_2、V_1、V_2 和 W_1、W_2,从而区别出三个绕组。

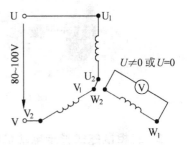

图 1.1.15-3　定子绕组首、末端
判别接线图

识别首端、末端：将区别出的三个绕组的任意两个绕组按假定的标注,将其首、末相连串联起来,如图 1.1.15-3 所示,将 U_2 与 V_1 相连接,将 U_1、V_2 接入实验台三相电源的任两相线,如 U 和 V 相,将三相调压器调到零位后接通电源,调节调压器增加三相电源的输出电压,直到三相电源 UV 线电压表读数在 80～100V 之间(不能超过 100V)。用交流电压表测量第三相绕组上的电压,如电压值有一定读数(10V左右),表示两相串联组的首端、末端假设正确(绕组端线上的标注和实际相符);反之,如电压表上的读数接近为零,则说明两相串联绕组的首端、末端连接错误(假设标注错误),重新标注并串接后再重复上述步骤,直到判别正确。用同样方法可测出第三相绕组的首、末端。

(2) 三相电动机绝缘电阻测量

三相电动机三相定子绕组之间和各定子绕组与三相电动机机壳之间的绝缘电阻是衡量三相电动机绝缘性能的一个指标,对额定电压 1kV 以下的电动机,其绝缘电阻的阻值不得小于 $1000\Omega/V$,一般 500V 以下的中小型电动机的绝缘电阻应大于 $2M\Omega$。

三相电动机绝缘电阻测量可以用兆欧表进行。测量绕组间的绝缘电阻时,将兆欧表的两个表笔分别接入两个绕组的任何一根端线,兆欧表接线如图 1.1.15-4(a)所示,摇动兆欧表,读出绝缘电阻值。测量绕组与电动机机壳间的绝缘电阻时,将兆欧表的表笔一个接入所测绕组的端线,另一个接在电动机的机壳接地端线(⏚)上,兆欧表接线如图 1.1.15-4(b)所示,用同样方法读出绝缘电阻值。根据测得的绝缘电阻值判断电动机能否正常工作。

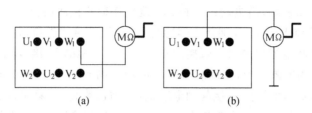

图 1.1.15-4　三相电动机绝缘电阻测量兆欧表接线图

4. 三相鼠笼式异步电动机的起动

三相鼠笼式异步电动机的起动可分为直接起动和降压起动两种方式。直接起动时,电动机的起动电流可达到额定电流的 5～7 倍,正常情况下由于起动时间很短,故起动电流不会引起电动机过热而烧坏电动机,一般小容量电动机多采用直接起动。但对于大容量的电动机(功率大于 10kW),5～7 倍的起动电流会影响电网电压的稳定,引起电网电压下降,影响电网中其他用电设备的正常运行,为限止起动电流,常采用降压起动方式,常见的有星形-三角形换接降压起动、自耦变压器降压起动和电动机定子绕组串接电阻降压起动等。其中最简单、经济的是星形-三角形换接降压起动。这种方式适用于正常工作时采用三角形接法的电动机,其工作的额定电压是电网的线电压,起动时采用星形接法,起动电压是电网相电压,所以这种方法起动电压降低了 $1/\sqrt{3}$ 倍,而其起动电流和起动力矩分别降低了 1/3 倍。

三、 实验设备与元器件

1. 实验台主控屏三相四线制 380V/220V 交流电源。
2. M14 型三相笼式异步电动机。
3. 实验台主控屏交流电压表和交流电流表。

四、实验内容

1. 记录实验用三相鼠笼式异步电动机的铭牌数据,说明每个数据的含义,并观察实验电动机的结构。

2. 按上述电动机绕组识别方法,用万用表和实验台提供的三相电源、交流电压表测出实验用三相电动机的三相绕组,并标出首端、末端。

3. 按上述方法用兆欧表测量实验电动机三相绕组间的绝缘电阻值和三相绕组与电动机底座之间的绝缘电阻值,并列表记录测得数据。

4. 三相鼠笼式异步电动机的直接起动。

将三相自耦调压器手柄逆时针旋转到底,开启控制屏上三相电源总开关,按起动按钮,实验台三相电源相线输出端 U、V、W 有电压输出,输出的三相电源的线电压值可从实验台上三个电压表上分别读出。顺时针旋转自耦合调压器手柄,使电压表读数达到 220V,并且三只电压表读数基本一致,电源调整结束。保持三相自耦调压器手柄不变,按停止按钮,断开三相电源。

　　按图 1.1.15-2(a)所示,将电动机三相定子绕组接成△接法(将 U_1 与 W_2、V_1 与 U_2、W_1 与 V_2 分别短接),再将 V_1、W_1 分别接入实验台上的 V、W 接线端口,将 U_1 接入实验台上交流电流表的一端,并将电流表的另一端接到实验台三相电源的 U 接线端口。将交流电流表串入三相电源的 U 相电源线中,用以观察三相电动机的起动电流和工作电流,完成电动机接线。按实验台上的起动按钮,直接起动电动机,电动机旋转,观察电动机起动瞬间的电流冲击情况及电动机旋转方向,记录起动电流,当电动机运行稳定后,调整电流表的量程,记录电动机工作电流值。

　　将电动机接成Y形接法接入实验台三相电源中,如图 1.1.15-2(b)所示(U_2、V_2、W_2 短接),再将 V_1、W_1 分别接入实验台上的 V、W 接线端口,将 U1 接入实验台上交流电流表的一端,并将电流表的另一端接到实验台三相电源的 U 接线端口,按与实验内容 3 相同的方法观察、记录三相电动机在降压时的起动和运行现象。

五、实验注意事项

　　1. 本实验接线时、实验结束后都必须断开实验台控制屏的三相电源(电源总开关逆时针转到关位置)。电动机在运转时,电压和转速均较高,严禁触碰电动机的导电和转动部分,以免发生人身和设备事故。为确保实验安全,建议穿绝缘鞋进入实验室。接线或改接线路后必须经指导教师检查后方可进行实验。

　　2. 电动机的起动电流持续时间很短,且只能在接通电源的瞬间读取电流表指针偏转的电大读数(因指针偏转惯性影响,看到的读数会有误差)。可重复几次起动过程读取数据,取较正确数据记录。

六、预习与思考题

　　1. 如何判断三相异步电动机的首、末端? 选择三相异步电动机采用星形接法、三角形接法的依据是什么?

　　2. 指导书上判别异步电动机的首端、末端采用了首、末串联的方法,为什么? 能否采用首、末并联的方法来判别? 如何接? 画出接线图并说明实验方法。

七、实验报告要求

　　1. 记录实验电动机的铭牌参数,说明每个参数的技术含义。

　　2. 总结对三相鼠笼式异步电动机绝缘性能检查的结果,记录测量数据,判断电动机是否完好可用。

　　3. 画出三相鼠笼式异步电动机起动、正转、反转的接线图,并记录电动机起动时和工作时的实验数据(起动线电压、线电流,工作线电压、线电流等)。

实验十六　三相鼠笼式异步电动机点动与长动控制

一、实验目的

1. 熟悉三相鼠笼式异步电动机全压起动、停止和点动、长动控制线路中各电器元件的使用方法及其在线路中所起的作用。

2. 掌握三相鼠笼式异步电动机全压起动、停止和点动、长动控制线路的工作原理、接线方法、调试及故障排除技能,掌握电气原理图与电器实际安装接线之间的差异。

3. 了解电动机点动控制与长动控制的区别,掌握实现电动机长动控制自锁环节的作用。

二、实验原理

在生产实际中,经常采用继电器-接触器控制系统对中小功率笼式异步电动机进行直接起动,其控制线路大都由继电器、接触器、按钮等有触点电器组成。

1. 三相鼠笼式异步电动机运行控制电器

(1) 按钮:手动指令开关,用于手动发出系统控制指令,按其在系统中作用的不同可分为起动按钮、停止按钮和急停按钮。按钮发出指令部分称为触点,按钮触点分为动断(常闭)触点和动合(常开)触点,其外形和电器符号如图 1.1.16-1 所示。

(2) 交流接触器:用来自动接通或切断电动机或其他负载主电路的一种控制电器,由电磁线圈、主触点、辅助触点等组成。按接触器在电路中分断(接通)电流种类的不同分为交流接触器和直流接触器。交流接触器的外形和电器符号如图 1.1.16-2 所示。

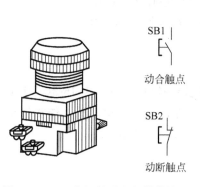

图 1.1.16-1　按钮外形和电器符号图

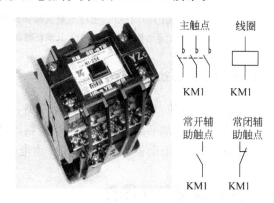

图 1.1.16-2　交流接触器外形和电器符号图

2. 电动机的点动控制方式

某些生产机械在安装或维护后常常需要所谓"点动"控制,即用手动控制按钮起动一下电动机,当手放开按钮后立即切断电动机电源。如图 1.1.16-3(a)所示为点动控制原理图。当按下起动按钮 SB2 时,电机转动;松开按钮后,由于按钮自动复位,电机停转。点动控制起停的时间长短由操作者直接用手控制,操作灵活、电路简单,但是,在点动方式要使电动机运行必须用手按住起动按钮,在需长时间运行电动机的场合,点动控制方式不适用。

3. 电动机的长动控制方式

电动机在更多的工作状态,需要工作于连续转动状态,即长动控制方式。起动时操作者按动一下起动按钮,电动机运行,并保持运行状态,直到操作者需要停止时,按动一下停止按钮,电动机停止运行。电动机长动控制电路原理图如图 1.1.16-3(b)所示。当按下起动按钮 SB2 时,电机转动,按下停止按钮 SB1,电机停转。在图中接触器常开辅助触点 KM1 与起动按钮 SB2 并联,替代起动按钮接通接触器线圈电路,保持电动机长期运行,称做自锁触点,由 KM1 组成的环节称做自锁环节。

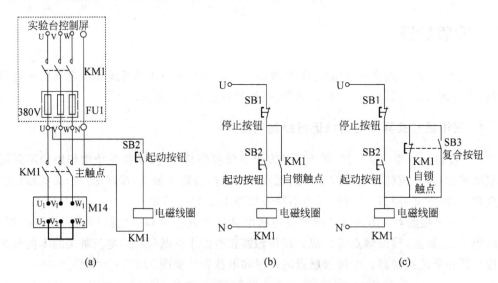

图 1.1.16-3 三相鼠笼式异步电动机点动、长动控制原理图
(a) 点动控制原理图;(b) 长动控制原理图;(c) 点动带长动控制原理图

4. 电动机的长动与点动控制方式

在有的工作场所,电动机既需要点动控制,又必须长动控制,如图 1.1.16-3(c)所示的就是既能实现长动,又能实现点动的电动机控制原理图。其中,SB2 为电动机工作在长动方式的起动按钮,SB1 为电动机停止按钮,SB3 为电动机工作在点动方式按钮。

三、 实验设备与元器件

1. 实验台主控台,提供三相四线制 380V/220V 电压。
2. M14 型三相笼式异步电动机。
3. EEL-57 组件、EEL-59 组件(配置接触器、按钮等)。

四、 实验内容

1. 三相鼠笼式异步电动机点动控制

(1) 调整三相电源线电压为 380V 并保持手柄位置后断电,方法如实验十五内容四。

(2) 按图 1.1.16-3(a)所示电动机点动控制线路进行接线,接线时先接主电路,即先将电动机接成Y形接法(U_2、V_2、W_2 短接),将 U_1、V_1、W_1 分别接接触器 KM1 的主触点 9、11、13 端口(见 EEL-57 组件),将 KM1 主触点的另一组端口 10、12、14 分别接实验台的三相电源的输出端 U、V、W;主电路连接完经检查无误后再接控制电路,本实验台提供的接触器线圈额定电压是 220V,所以控制电路工作电源选用相电压,即一端接相线,另一端接中线。从实验台控制屏 U 端开始,将 U 端与 SB2 的 62 端相连(见 EEL-59 组件),SB2 的另一端口 63 接接触器 KM1 线圈的接线端 1,最后将 KM1 线圈的接线端 2 接实验台控制屏三相电源的中线 N 端。

(3) 接通控制屏三相电源,按住起动按钮 SB2,电动机旋转,释放按钮 SB2,电动机停止,实现电动机的点动控制。

2. 三相鼠笼式异步电动机单向长动控制

按图 1.1.16-3(b)所示电动机长动控制线路进行接线,方法同上,接线完成检查无误后,接通控制屏三相电源,按起动按钮 SB2,电动机旋转,释放按钮 SB2,电动机仍保持旋转,直到按停止按钮 SB1,电动机停止。可重复操作,实现电动机长动控制。

3. 三相鼠笼式异步电动机点动带长动控制

按图 1.1.16-3(c)所示电动机点动带长动控制线路进行接线,方法同上,接线完成检查无误后,接通三相电源,按起动按钮 SB2,电动机旋转,直到按停止按钮 SB1,电动机停止,按住点动按钮 SB3 电动机旋转,释放按钮 SB3 电动机停止。可重复操作,实现电动机的点动和长动控制。

五、 实验注意事项

1. 检查各实验设备外观及质量是否良好。

2. 接线时合理安排各实验模块的位置,接线要求接触良好,整齐、清楚、可靠。

3. 注意实验接线步骤,每次接线前,必须先切断实验台主控屏三相电源(观察主控屏上电压表读数为零);接线时,先接主回路,再接控制回路;接线后,自己检查无误并经指导教师检查认可后方可接通电源开始操作。

4. 接通电源操作实验时,要注意安全,防止碰触带电部位。

六、 预习与思考题

1. 试比较点动控制与长动控制的共同点和不同点。

2．说明按下按钮 SB3 时电动机实现点动的工作原理。

3．电动机控制回路的工作电压如何选取？选择不当会出现什么后果？

七、 实验报告要求

1．记录实验操作过程(实验步骤)。

2．画出三相鼠笼式异步电动机点动、长动和点动带长动三种控制系统电路原理图。

3．按实验时实际接线在电路原理图上标出每根接线的实际位置标号(如在实验时,U 端与 SB2 的 62 端相连,SB2 的另一端口 63 接接触器 KM1 线圈的接线端1,就在 SB2 的二端标上 62、63),标号参见 EEL-57 组件、EEL-59 组件。

实验十七 三相鼠笼式异步电动机正、反转控制

一、 实验目的

1．通过对三相鼠笼式异步电动机正、反转控制线路的接线,掌握将电气原理图转换成电器施工图的方法,训练实际操作能力。

2．进一步理解电气控制系统中自锁、互锁环节的作用。

3．学习继电-接触控制系统中故障的分析和排除方法。

二、 实验原理

1. 接触器互锁的正、反转控制线路

三相鼠笼式异步电动机的正、反转是通过改变相序实现的,在一般的自动控制中,电动机正、反转相序的改变采用两个接触器实现,如图 1.1.17-1 所示。接触器 KM1 接通时,电动机 M14 的相序是 U→V→W,电动机正转;接触器 KM2 接通时,电动机 M14 的相序是 U→W→V,电动机反转;如果接触器 KM1、KM2 同时接通时,三相电源被短路,造成电源故障。

为了避免三相鼠笼式异步电动机的正、反转控制系统出现电源短路,在电动机正、反转控制系统的控制回路中要加入互锁环节,保证 KM1、KM2 不能同时吸合。如图 1.1.17-1 所示电路中,KM1 的线圈支路中串接有 KM2 的常闭辅助触点,在 KM2 的线圈支路中串接有 KM1 的常闭辅助触点,KM1 和 KM2 的常闭辅助触点可以做到当 KM1 线圈通电时切断 KM2 线圈电路,KM2 线圈通电时切断 KM1 线圈电路,保证 KM1、KM2 不能同时通电。保证 KM1,KM2 不能同时通电的环节称做互锁环节,其中起切断电路作用的 KM1、KM2 常闭辅助触点称做互锁触点。

2. 双重互锁的正、反转控制线路

实验内容 1 的控制在正、反转操作时比较麻烦,从正转到反转(或从反转到正转)时,必

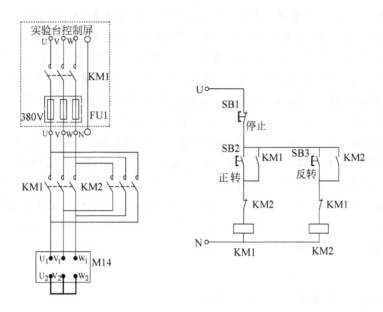

图 1.1.17-1　三相鼠笼式异步电动机接触器互锁正、反转控制原理图

须先按停止按钮,切断正转(反转)控制回路,再按反转(正转)按钮实现反转(正转)。具有双重互锁环节的正、反转控制线路解决了操作烦琐问题,电路在接触器互锁的正、反转控制线路的基础上,用 SB1、SB2 的复合常闭触点组成一重机械互锁环节,如图 1.1.17-2 所示。操作时,按正转按钮 SB2,其复合常闭触点先断开,切断反转回路,其常开触点再闭合接通正转回路,电动机正转;按反转按钮 SB3,其复合常闭触点先断开正转回路,其常开触点再闭合接通反转回路,电动机反转。

三、 实验设备与元器件

1. 实验台主控台,提供三相四线制 380V/220V 电压。
2. M14 型三相笼式异步电动机。
3. EEL-57 组件、EEL-59 组件(配置接触器、按钮等)。

四、 实验内容

1. 接触器互锁的正、反转控制实验

(1) 调整三相电源线电压为 380V 并保持手柄位置后断电,方法如实验十五内容 4。

(2) 按图 1.1.17-1 所示接触器互锁电动机正、反转控制线路进行主电路接线,先将电动机接成Y形接法,将 U_1、V_1、W_1 分别接接触器 KM1 的主触点 9、11、13 端口(见 EEL-57 组件),将 KM1 主触点的另一组端口 10、12、14 分别接实验台主控屏的三相电源的输出端 U、V、W;再将 U_1、V_1、W_1 分别接接触器 KM2 的主触点 23、27、25 端口,将 KM2 主触点的另一组端口 24、26、28 分别接实验台主控屏的三相电源的输出端 U、V、W,实现相序改变。

（3）按图 1.1.17-1 所示接触器互锁电动机正、反转控制线路进行控制电路接线，本实验台提供的接触器线圈额定电压是 220V，所以控制电路工作电源选用相电压，即一端接相线，另一端接中线。从实验台控制屏 U 端开始，将 U 端与 SB1 的 54 端相连（见 EEL-59 组件），SB1 的另一端口 55 接到 SB2 的 62 端和 SB3 的 68 端。从 SB2 的 63 端接到接触器 KM2 的辅助常闭触点 21 端，KM2 的辅助常闭触点 22 端接到接触器 KM1 线圈接线 1 端，KM1 的线圈接线 2 端接实验台控制屏三相电源的中线 N 端口。从 SB3 的 69 端接到接触器 KM1 的辅助常闭触点 7 端，KM1 的辅助常闭触点 8 端接到接触器 KM2 线圈接线 15 端，KM2 的线圈接线 16 端接实验台控制屏三相电源的中线 N 端口。将接触器 KM1 的辅助常开触点 3 和 4 分别接 SB1 的常开触点 62 和 63；将接触器 KM2 的辅助常开触点 17 和 18 分别接 SB3 的常开触点 68 和 69，完成接触器互锁电动机正、反转控制线路的接线。

（4）按实验台控制屏上绿色按钮，接通三相电源，按正转按钮 SB2，电动机正转，按停止按钮 SB1，电动机停止，按反转按钮 SB3，电动机反转。重复上述过程，观察电动机正、反转运行情况。

2. 具有双重互锁的正、反转控制实验

按图 1.1.17-2 所示电动机双重互锁的正、反转控制线路进行接线，方法同上，接线完成后，接通三相电源，按正转按钮 SB2，电动机正转；按反转按钮 SB3，电动机反转；按停止按钮 SB1，电动机停止。重复操作，观察电动机正反转运行情况。

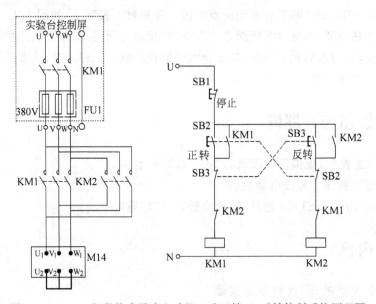

图 1.1.17-2　三相鼠笼式异步电动机双重互锁正、反转控制系统原理图

五、实验注意事项

1. 检查各实验设备外观及质量是否良好。
2. 接线时合理安排各实验模块的位置，接线要求接触良好，整齐、清楚、可靠。

3. 注意实验接线步骤,接线前,先切断实验台主控屏三相电源(观察主控屏上电压表读数为零);接线时,先接主回路,再接控制回路;接线后,自己检查无误并经指导教师检查认可后方可接通电源开始操作。

4. 接通电源操作实验时,要注意安全,防止碰触带电部位。

六、 预习与思考题

1. 在电动机正、反转控制线路中互锁环节起什么作用? 如果没有这个环节会出现怎样的后果?

2. 说明双重互锁环节中两个互锁环节的作用? 两个互锁环节是否可以相互替代?

七、 实验报告要求

1. 记录实验操作过程(实验步骤)。

2. 画出三相鼠笼式异步电动机正、反转两种控制电路原理图。

3. 按实验时实际接线在电路原理图上标出每根接线的实际位置标号(标号参见 EEL-57 组件、EEL-59 组件)。

实验十八　三相鼠笼式异步电动机Y-△降压起动控制

一、 实验目的

1. 进一步提高将电气原理图转换成为施工接线图的能力。

2. 了解时间继电器的结构、使用方法、延时时间调整及在控制系统中的应用。

3. 掌握三相鼠笼式异步电动机Y-△降压起动控制电路和接线方法。

二、 实验原理

1. 时间继电器

在电气控制中,要求各个动作按时间顺序执行,这种系统可按时间原则控制,实现时间控制的电器称做时间继电器。时间继电器是一种可延时指令动作的继电器,它从接收到指令信号(线圈通电)到发出动作(触点动作)之间有一定的时间延时,延时的时间可按需要预先设定。时间继电器按延时方式分为通电延时型和断电延时型,其触点分别称做通电延时常开触点、通电延时常闭触点和断电延时常开触点、断电延时常闭触点。常用的电子式时间继电器外形和通电延时时间继电器的电气符号如图 1.1.18-1 所示。

2. 三相鼠笼式异步电动机Y-△降压起动控制电路

三相鼠笼式异步电动机采用Y-△降压起动方式时,要求正常工作在△形接法的电动机,

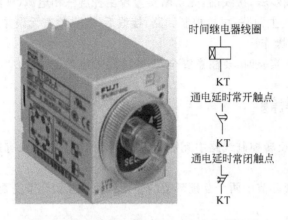

图 1.1.18-1 时间继电器外形与电气符号图

在起动时采用丫形接法(降压起动),电动机在丫形接法经过一定时间起动,其转速接近额定转速时,换接成△形接法运行。丫形接法和△形接法两种动作之间有一定的时间间隔,按时间原则控制。

三相鼠笼式异步电动机丫-△降压起动控制线路原理图如图 1.1.18-2 所示。

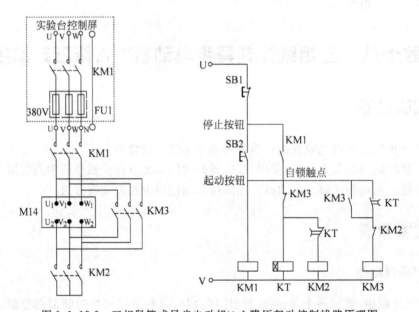

图 1.1.18-2 三相鼠笼式异步电动机丫-△降压起动控制线路原理图

(1)主电路:起动时采用丫形接法,接触器 KM1、KM2 接通,正常工作时△形接法,KM1、KM3 接通。从主电路看 KM2、KM3 不能同时接通,必须设置互锁环节。

(2)控制回路:按下启按钮 SB1,KM1 通电并自锁,KM2 经 KM3 的常闭辅助触点和 KT 的通电延时断开触点通电,电动机 M14 工作在丫形接法,降压起动;时间继电器 KT 线圈经 KM3 常闭辅助触点接通,收到起动指令,开始延时,当延时达到预先设定时间值时,KT 的通电延时断开触点动作,切断 KM2 线圈电路,KM2 释放;KT 的通电延时闭合触点动作,KM3 线圈经 KT 的通电延时闭合触点和 KM2 常闭触点通电,KM3 吸合,电动机

M14 换接成△形接法。KM3 吸合后,KM3 的常闭触点断开,切断 KT 线圈电路,为下次起动延时作准备;切断 KM2 实现 KM3 的互锁。

三、实验设备与元器件

1. 实验台主控台,提供三相四线制 380V/220V 电压。
2. M14 型三相笼式异步电动机。
3. EEL-57 组件、EEL-58 组件、EEL-59 组件(配置接触器、时间继电器、按钮等)。

四、实验内容

1. 三相鼠笼式异步电动机Y-△降压起动控制

(1) 调整三相电源线电压为 220V 并保持手柄位置后断电,方法如实验十五内容 4(注意:调整为线电压 220V,不是 380V)。

(2) 按图 1.1.18-1 所示三相鼠笼式异步电动机Y-△降压起动控制线路原理图进行主电路接线。将电动机 M14 的 U_1、V_1、W_1 分别接 KM1 的主触点 9、11、13 端口(见 EEL-57 组件),将 KM1 主触点的另一组端口 10、12、14 分别接实验台主控屏的三相电源的输出端 U、V、W;将电动机 M14 的 U_2、V_2、W_2 分别接 KM2 的 23、25、27 端口,KM2 的另一组端口 24、26、28 短接;将 KM3 的二组端口分别接电动机的首端与末端(见 EEL-58 组件);主电路接线完成后,经检查无误结束。

(3) 按图 1.1.18-1 所示三相鼠笼式异步电动机Y-△降压起动控制线路原理图进行控制电路接线。本实验台提供的接触器线圈额定电压是 220V,所以控制电路工作电源选用线电压(注意:此时相电压为 127V,故不能接相电压),即两端均接相线。

从实验台控制屏 U 端开始,将 U 端与 SB1 的 54 端相连(见 EEL-59 组件),SB1 的另一端口 55 接到 SB2 的 62 端,将 SB2 的 63 端线接到接触器 KM1 线圈的 1 端,KM1 线圈 2 端接实验台三相电源的 V 端;将接触器 KM1 的辅助常开触点 3 和 4 分别接 SB1 的常开触点 62 和 63 并联,组成自锁环节;从 KM1 的 4 端接 KM3 的 35 端,KM3 的 36 端接到 KT 的线圈端 43(见 EEL-58 组件),实现 KM3 对 KM2 的互锁,KT 的 44 端接实验台控制屏三相电源的 V 端。

从 KM3 的 36 端接到 KT 的 47 端,KT 的 48 端接到 KM2 线圈的 15 端,KM2 线圈的 16 端接实验台控制屏三相电源的 V 端;从 KM1 的 4 端接到 KT 的 45 端,KM3 的 31 端和 32 端分别与 KT 的 45 端和 46 端并接,实现 KM3 的自锁环节;从 KT 的 46 端接到 KM2 的 21 端,KM2 的 22 端接到 KM3 线圈的 29 端,实现 KM2 对 KM3 的互锁,KM3 线圈接线 30 接实验台三相电源的 V 端。

2. 三相鼠笼式异步电动机Y-△降压起动实验操作

接通控制屏三相电源,按正转按钮 SB2,电动机Y形接法,降压起动,时间继电器延时,当延时达到设定时间后,时间继电器常闭触点动作,KM2 断开,时间继电器常开触点动作,

KM3 吸合,电动机换接成△形接法,正常运行。按 SB1 按钮,KM1、KM3 断开,准备下一次起动,重复上述操作,观察电动机Y-△降压起动过程并记录。

五、 实验注意事项

1. 检查各实验设备外观及质量是否良好。

2. 接线时合理安排各实验模块的位置,接线要求接触良好,整齐、清楚、可靠。

3. 注意实验接线步骤,接线前,先切断实验台主控屏三相电源(观察主控屏上电压表读数为零);接线时,先接主回路,再接控制回路;接线后,自己检查无误并经指导教师检查认可后方可接通电源开始操作。

4. 接通电源操作实验时,要注意安全,防止碰触带电部位。

六、 预习与思考题

1. 进行电动机Y-△降压起动实验时,实验台控制屏的三相电源输出电压为什么要调节到 220V/127V? 如调节到 380V/220V 会有什么后果?

2. 说明三相鼠笼式异步电动机Y-△降压起动控制电路中设有几个自锁环节,几对互锁环节?

3. 试设计一种三相鼠笼式异步电动机Y-△降压起动控制电路。

七、 实验报告要求

1. 记录实验操作过程(实验步骤)。

2. 画出三相鼠笼式异步电动机Y-△降压起动控制系统电路原理图。

3. 按实验时实际接线在电路原理图上标出每根接线的实际位置标号(标号参见 EEL-57 组件、EEL-58 组件及 EEL-59 组件)。

电路原理综合性设计性实验

实验一　三相电路参数测量

一、 实验目的

1. 熟悉三相电路参数测量的方法。
2. 通过实验加强和巩固理论知识,培养动手和解决实际问题的能力。
3. 正确选用测量仪表和测量方法测量三相电路的电压、电流和功率。

二、 实验原理

三相电路有星形接法和三角形接法,供电方式有三相三线制和三相四线制供电,根据负载分为对称负载和不对称负载。三相电路的参数有相电压、线电压,相电流、线电流,有功功率、无功功率和视在功率等。

三、 实验设备与元器件

1. 交流电压表、电流表、功率表(装在实验台主控制屏上)。
2. 三相调压输出电源。
3. EEL-55A 组件、EEL-60 组件(含 220V/25W 灯组 9 只、电容若干)。
4. 可根据设计要求选配所需测量仪表。

四、 实验内容

本实验要求针对一个实际的电路,设计一套或两套方案,确定所需测量仪表和测量方法,设计测量电路和测量数据表格,并测量出三相电路的参数,记录在设计表格中,给出相关计算结果和测量误差分析,归纳总结出所选参数测量方案的优缺点及改进措施。

三相三线制对称负载电路,每相负载包括 25W 白炽灯、电感(镇流器)、电容等,连接方案可选择串联、并联,设计测量方案,测量该三相电路的电路参数,设计要求如下:

1. 测量参数为电路的相电压、线电压,相电流、线电流,有功功率、无功功率和视在功率。

2. 针对三相三线制对称电路设计测量方法、测量电路,说明测量原理。

3. 选择测量仪表。

4. 测量电路参数,记录在设计的表格中。

5. 计算测量中存在的误差。

五、 实验注意事项

1. 必须合理选择三相电路的线电压,确保不发生设备、仪表损坏的事故。

2. 电感、电容的耐压要与实验电路的电压相适应。

3. 每次实验完毕,均需将三相调压器旋钮调回零位,如改变接线,均需新开三相电源,以确保人身安全。

六、 预习与思考题

1. 复习三相电路相电压、线电压,相电流、线电流测量的一般方法。

2. 复习二瓦特表法测量三相电路有功功率的方法。

3. 复习一瓦特表法测量三相对称负载无功功率的方法。

4. 测量方法对测量精度的影响。

七、 实验报告要求

1. 列表说明所用测量仪表的型号、规格。

2. 画出测量电路原理图,说明测量原理。

3. 记录实验数据,进行误差分析,写出结果报告。

4. 归纳总结出所选参数测量方案的优缺点及改进措施。

实验二   仿真软件应用——万用表的设计

一、 实验目的

1. 初步掌握电路仿真软件的使用。

2. 初步掌握用电路仿真软件对实际电路进行仿真研究的方法。

3. 初步掌握用电路仿真软件进行电路设计的方法。

二、 实验原理

仅以万用表中的电阻挡——欧姆表为例说明,电流挡和电压挡的设计方法可自行参考有关资料。

电路原理图如图 1.2.2-1 所示,表头、电源 U_S 和限流电阻 R_l 组成测量电路,A、B 两端与被测电阻 R_x 相接,电路中的电流

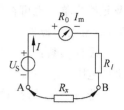

$$I = \frac{U_S}{R_0 + R_l + R_x}$$

显然,被测电阻 R_x 越大,电流 I 越小。用表头测出电流 I 即可求出电阻 R_x 的值:

$$R_x = \frac{U_S}{I} - R_0 - R_l$$

图 1.2.2-1　测量电阻电路原理

当 $R_x = 0$ 时,流过表头的电流正好是满偏电流,即有

$$I = I_m = \frac{U_S}{R_0 + R_l}$$

则限流电阻 $R_l = \dfrac{U_S}{I_m} - R_0$。

欧姆表一般具有多个中值电阻,如 $R_m \times 1$、$R_m \times 10$、$R_m \times 100$ 等,为保证在各种中值电阻情况下,当 $R_x = 0$ 时流过表头的电流均为表头的满偏电流 I_m,必须与表头并联分流电阻 R_{S1}、R_{S2}、R_{S3}。图 1.2.2-2 示出一具有三个中值电阻 $R_m \times 1$、$R_m \times 10$、$R_m \times 100$ 的欧姆表电路,图中,R_{S1}、R_{S2}、R_{S3} 为分流电阻,R_{l1}、R_{l2}、R_{l3} 为限流电阻。U_S 通常使用 1.5V 的干电池,但该电池用久了电压 U_S 会逐渐下降,在测量相同数值的 R_x 时,流过表头的电流就会不一样,从而产生测量误差。为此,用一个可调电阻 R 与表头串联,在 U_S 降低时减小 R 值,以减小测量误差。所以使用欧姆表测量电阻前,要先将 R 调到合适的数值。调节方法是:将欧姆表的外接两端钮短路,调节可调电阻 R,使指针指向零刻度。这一操作称为"欧姆挡调零"。在使用欧姆表测量电阻时,必须首先进行欧姆挡调零。

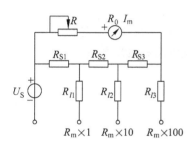

图 1.2.2-2　欧姆表电路图

设计图 1.2.2-2 所示欧姆表电路的方法是:

1. 根据给定的 R_m、U_S、R 和 R_0、I_m 的值,计算出分流电阻 R_{S1}、R_{S2} 和 R_S。
2. 计算三个限流电阻 R_{l1}、R_{l2} 和 R_{l3}。

三、 实验设备与元器件

1. 计算机。
2. Multisim 仿真软件。
3. 电阻元件手册。

四、 实验内容

本实验的目的在于让学生了解并熟悉常用的 Multisim 电路仿真软件,按照设计任务要求,在实验课前完成欧姆表的初步设计,在实验室应用仿真软件进行调试,确定最终设计图

及元件清单。也可在完成仿真试验后,利用已有的磁电式表头和电阻构成实际仪表,检验功能,写出校验报告。

设计参数:$U_S = 1.5V$,$R_m = 12\Omega$,$R = 100\Omega$,$R_0 = 160\Omega$,$I_m = 1mA$,设计、制作具有三个中值电阻 $R_m \times 1$、$R_m \times 10$、$R_m \times 100$ 的欧姆表电路。

若有兴趣,可另设计使用电流挡和电压挡,具体要求自拟。

五、 实验注意事项

本实验的目的在于培养学生应用仿真软件进行电路研究的能力。学生必须在掌握实验原理、了解实验要求、拟出实验方案的前提下,才能进入实验室,否则不能进行实验。

六、 预习与思考题

1. 练习 Multisim 仿真软件的应用。
2. 欧姆表的刻度盘为什么具有反向和不均匀刻度的特性?
3. 什么是中值电阻?当被测电阻等于中值电阻时,表头指针在什么位置?
4. 根据实验要求,设计欧姆表的测量电路,计算出分流电阻和限流电阻。

七、 实验报告要求

1. 回答思考题。
2. 画出具有三个中值电阻 $R_m \times 1$、$R_m \times 10$、$R_m \times 100$ 的欧姆表电路,标明限流电阻和分流电阻的阻值及允许功率。
3. 给出 Multisim 仿真结果。
4. 绘制欧姆表的刻度盘。

实验三   最大功率传输条件的研究

一、 实验目的

1. 理解阻抗匹配,掌握最大功率传输的条件。
2. 掌握根据电源外特性设计实际电源模型的方法。
3. 掌握用电路仿真软件进行电路研究的方法。

二、 实验原理

图 1.2.3-1   实际电源对负载供电电路图

电源向负载供电的电路如图 1.2.3-1 所示,图中 R_S 为电源内阻,R_L 为负载电阻。当电路电流为 I 时,负载 R_L 上的功率为

$$P_L = I^2 R_L = \left(\frac{U_S}{R_S + R_L}\right)^2 \times R_L$$

可见,当电源 U_S 和 R_S 确定后,负载上的功率大小只与负载电阻 R_L 有关。

令 $\dfrac{dP_L}{dR_L}=0$,解得当 $R_L=R_S$ 时,负载得到的最大功率为

$$P_L = P_{Lmax} = \frac{U_S^2}{4R_S}$$

上式说明:当 $R_L=R_S$,即负载电阻与电源内电阻相等时,负载可以得到最大功率,称为最大功率匹配。负载得到最大功率时电路的效率为

$$\eta = \frac{P_L}{U_S I} = 50\%$$

实验中,负载得到的功率用电压表、电流表测量。

三、 实验设备与元器件

1. 计算机。
2. Multisim 仿真软件。

四、 实验内容

根据电源外特性曲线设计一个实际电压源模型。已知电源外特性的开路电压为 15V、短路电流为 50mA,计算出实际电压源模型中的电压源 U_S 和内阻 R_S。用上述设计的电压源与负载电阻 R_L 相连,电路如图 1.2.3-2 所示,从 0~600Ω 改变负载电阻 R_L 的数值,测量对应的电压、电流,将数据记入自拟的表格。

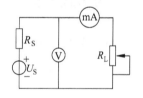

图 1.2.3-2 测试电路

若有余力,可另设计在已知正弦电源和内阻抗的条件下与不同的外部阻抗串联所获得最大功率的条件和效率,具体要求自拟。

应用仿真软件 Multisim 进行仿真研究,特别是研究正弦电源向负载阻抗供电电路的最大功率传输问题,得出结论。

五、 实验注意事项

本实验的目的在于培养学生应用仿真软件进行电路研究的能力。学生必须在掌握实验原理、了解实验要求、拟出实验方案的前提下,才能进入实验室,否则不能进行实验。

六、 预习与思考题

1. 什么是阻抗匹配?电路传输最大功率的条件是什么?
2. 电路传输的功率和效率如何计算?

3. 实际电路中电压表、电流表前后位置对换,对电压表、电流表的读数有无影响? 为什么?

七、 实验报告要求

1. 回答思考题。

2. 根据实验数据计算出对应的负载功率 P_L,并画出负载功率 P_L 随负载电阻 R_L 变化的曲线,找出传输最大功率的条件。

3. 根据实验数据,计算出对应的效率 η,指明:①传输最大功率时的效率;②什么时候出现最大效率? 电路在什么情况下,传输最大功率才比较经济、合理。

实验四   RC 网络频率特性和选频特性的研究

一、 实验目的

1. 研究 RC 串并联电路及 RC 双 T 电路的频率特性。

2. 学会用交流毫伏表和示波器测定 RC 网络的幅频特性和相频特性。

3. 熟悉文氏电桥电路的结构特点及选频特性。

二、 实验原理

图 1.2.4-1 所示 RC 串并联电路的频率特性为

$$N(\mathrm{j}\omega) = \frac{\dot{U}_o}{\dot{U}_i} = \frac{1}{3 + \mathrm{j}\left(\omega RC - \dfrac{1}{\omega RC}\right)}$$

其中幅频特性为

$$A(\omega) = \frac{U_o}{U_i} = \frac{1}{\sqrt{3^2 + \left(\omega RC - \dfrac{1}{\omega RC}\right)^2}}$$

相频特性为

$$\varphi(\omega) = \varphi_o - \varphi_i = -\arctan \frac{\omega RC - \dfrac{1}{\omega RC}}{3}$$

其幅频特性和相频特性曲线如图 1.2.4-2 所示,幅频特性呈带通特性。当角频率 $\omega = \dfrac{1}{RC}$ 时,$A(\omega) = \dfrac{1}{3}$,$\varphi(\omega) = 0°$,u_o 与 u_i 同相,即电路发生谐振,谐振频率 $f_0 = \dfrac{1}{2\pi RC}$。也就是说,当信号频率为 f_0 时,RC 串并联电路的输出电压 u_o 与输入电压 u_i 同相,其大小是输入电压的三分之一,这一特性称为 RC 串并联电路的选频特性,该电路又称为文氏电桥。

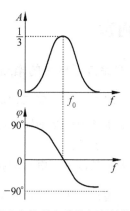

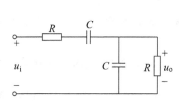

图 1.2.4-1　RC 串并联电路

图 1.2.4-2　RC 串并联电路的幅频特性和相频特性

测量频率特性用"逐点描绘法",图 1.2.4-3 给出用交流毫伏表和双踪示波器测量 RC 网络频率特性的示意图。

测量幅频特性:保持信号源输出电压(即 RC 网络输入电压)U_i 恒定,改变频率 f,用交流毫伏表监视 U_i,并测量对应的 RC 网络输出电压 U_o,计算出它们的比值 $A=U_o/U_i$,然后逐点描绘出幅频特性。

测量相频特性:保持信号源输出电压(即 RC 网络输入电压)U_i 恒定,改变频率 f,用交流毫伏表监视 U_i,用双踪示波器观察 u_o 与 u_i 波形,若两个波形的时间差为 Δt,周期为 T,则它们的相位差 $\varphi=\dfrac{\Delta t}{T}\times360°$,然后逐点描绘出相频特性。

用同样方法可以测量图 1.2.4-4 所示 RC 双 T 电路的幅频特性。

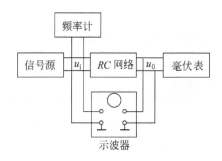

图 1.2.4-3　示波器测量 RC 网络频率特性

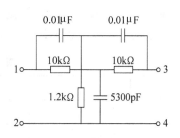

图 1.2.4-4　RC 双 T 电路

三、 实验设备与元器件

1. 信号源(含频率计)。
2. 交流毫伏表。
3. 双踪示波器。
4. EEL-53 组件(含 RC 网络)。

四、实验内容

1. 测量 *RC* 串并联电路的幅频特性

实验电路如图 1.2.4-1 所示,其中,*RC* 网络的参数选择为:$R=2\text{k}\Omega$,$C=0.2\mu\text{F}$,信号源输出正弦波电压作为电路的输入电压 u_i,调节信号源输出电压幅值,使 $U_i=2\text{V}$。测量仪器按照图 1.2.4-3 连接。

改变信号源正弦波输出电压的频率 f(由频率计读得),并保持 $U_i=2\text{V}$ 不变(用交流毫伏表监视),测量输出电压 U_o $\left(\text{可先测量 } A=\dfrac{1}{3} \text{ 时的频率 } f_0,\text{然后再在 } f_0 \text{ 左右选几个频率点,测量 } U_o\right)$,将数据记入表 1.2.4-1 中。

在图 1.2.4-1 的 *RC* 网络中,选取另一组参数:$R=200\Omega$,$C=2\mu\text{F}$,重复上述测量,将数据记入表 1.2.4-1 中。

表 1.2.4-1　幅频特性数据

$R=2\text{k}\Omega$ $C=0.2\mu\text{F}$	f/Hz								
	U_o/V								
$R=200\Omega$ $C=2\mu\text{F}$	f/Hz								
	U_o/V								

2. 测量 *RC* 串并联电路的相频特性

实验电路如图 1.2.4-1 所示,按实验原理中测量相频特性的说明,实验步骤同实验内容 1,将实验数据记入表 1.2.4-2 中。

表 1.2.4-2　相频特性数据

$R=2\text{k}\Omega$ $C=0.2\mu\text{F}$	f/Hz							
	T/ms							
	$\Delta t/\text{ms}$							
	$\varphi/(°)$							
$R=200\Omega$ $C=2\mu\text{F}$	f/Hz							
	T/ms							
	$\Delta t/\text{ms}$							
	$\varphi/(°)$							

3. 测定 *RC* 双 T 电路的幅频特性

实验电路如图 1.2.4-4 所示(在 EEL-53 组件上),测量仪器按图 1.2.4-3 连接,实验步骤同实验内容1,将实验数据记入自拟的数据表格中。

五、 实验注意事项

1. 由于信号源内阻的影响,注意在调节输出电压频率时,应同时调节输出电压大小,使实验电路的输入电压保持不变。

2. 注意正确选择毫伏表的量程,保证测量小信号时的准确度。

六、 预习与思考题

1. 对所给出的两组不同参数,估算 RC 串并联电路的谐振频率。

2. 推导 RC 串并联电路的幅频、相频特性的数学表达式。

3. 什么是 RC 串并联电路的选频特性? 当频率等于谐振频率时,电路的输出、输入有何关系?

4. 试分析 RC 双 T 电路的幅频特性。

七、 实验报告要求

1. 根据表 1.2.4-1 和表 1.2.4-2 的实验数据,绘制 RC 串并联电路的两组幅频特性和相频特性曲线,找出谐振频率和幅频特性的最大值,并与理论计算值比较。

2. 设计一个谐振频率为 1kHz 的文氏电桥电路,说明它的选频特性。

3. 根据实验内容 3 的实验数据,绘制 RC 双 T 电路的幅频特性,并说明幅频特性的特点。

实验五 三相鼠笼式异步电动机顺序控制

一、 实验目的

1. 进一步熟悉电气控制的应用。

2. 设计一个能实现两台电动机顺序控制的电气系统,绘出电路原理图。

3. 用实验台的实验模块验证所设计电气系统的正确性。

二、 实验原理

在许多工业设备中,需要实现几个动作之间保证顺序起动或顺序停止,如机床的主轴电动机和润滑油泵电动机之间,为使机床主轴转动时有良好的润滑条件,润滑油泵电动机必须先主轴电动机起动,后主轴电动机停止,润滑油泵电动机与主轴电动机之间的控制方式称做顺序控制。

本实验要求设计一个电动机顺序控制系统,控制电动机 M1、M2 之间顺序起动和停止,具体要求如下:

(1) 电动机 M1 先动作,电动机 M2 才能动作。

(2) 电动机 M2 先停止后电动机 M1 才能停止或电动机 M2、M1 同时停止。

(3) 所设计控制系统能用实验台提供的 M14 型三相笼式异步电动机、EEL-57 组件、EEL-58 组件及 EEL-59 组件实现。

三、 实验设备与元器件

1. 实验台主控台,提供三相四线制 380V/220V 电压。
2. M14 型三相笼式异步电动机。
3. EEL-57 组件、EEL-58 组件、EEL-59 组件。

四、 实验内容

1. 设计两台电动机顺序控制的电气系统,画出电气系统原理图。
2. 完成电动机顺序控制系统的电气系统接线。
3. 完成电动机顺序控制系统实验,验证设计正确性。

五、 实验注意事项

1. 所设计电气系统选用电器元件要符合实验台提供的模块。
2. 接线时合理安排各实验模块的位置,接线要求接触良好,整齐、清楚、可靠。
3. 注意实验接线步骤,接线前,先切断实验台主控屏三相电源(观察主控屏上电压表读数为零);接线时,先接主回路,再接控制回路;接线后,自己检查无误并经指导教师检查认可后方可接通电源开始操作。
4. 接通电源操作实验时,要注意安全,防止碰触带电部位。

六、 预习与思考题

1. 列举几个在工程中实际应用的顺序控制系统。
2. 总结说明实现顺序控制的关键环节。

七、 实验报告要求

1. 提交电动机顺序控制系统设计说明书(说明书包含电动机顺序控制系统设计说明、电动机顺序控制系统电路原理图、电动机顺序控制系统选用电器元件清单等)。
2. 记录实验操作过程,说明实验结果。
3. 按实验时实际接线画出电动机顺序控制系统实验接线图(参见 EEL-57 组件、EEL-58 组件及 EEL-59 组件)。

第 2 篇

模拟电子电路实验指导

模拟电子电路基础实验

实验一 常用电子仪器仪表的使用及元器件的识别和测试

一、实验目的

1. 学习电子电路实验中常用的电子仪器——示波器、函数信号发生器、直流稳压电源、交流毫伏表、频率计等的主要技术指标、性能及正确使用方法。

2. 初步掌握用双踪示波器观察正弦信号波形和读取波形参数的方法。

3. 学习使用万用表测试二极管、三极管的管脚及性能。

二、实验原理

在模拟电子电路实验中,经常使用的电子仪器有示波器、函数信号发生器、直流稳压电源、交流毫伏表及频率计等,它们和万用电表联合使用,可以完成对模拟电子电路的静态和动态工作情况的测试。

实验中使用到的各种电子仪器,可按照信号流向,根据连线简洁、观察与读数方便、有利于操作等原则进行合理摆放,如图 2.1.1-1 所示。接线时应注意,为防止外界干扰,各仪器的公共接地端应连接在一起,称"共地"。信号源和交流毫伏表的引线通常用屏蔽线或专用电缆线,示波器接线使用专用电缆线,直流电源的接线用普通导线。

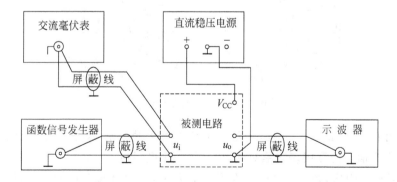

图 2.1.1-1 模拟电路实验中常用电子仪器摆放示意

1. 示波器

示波器是一种用途很广泛的电子测量仪器,它既能直接显示电信号的波形,又能对电信号进行各种参数的测量。使用中着重注意下列几点。

(1) 波形显示的自动设置

DS 5000 系列数字存储示波器具有自动设置的功能。根据输入的信号,可自动调整电压倍率、时基以及触发方式至最好形态显示。

① 将被测信号连接到信号输入通道(如:CH1 通道)。

② 按下"AUTO"按钮,即可扫描到波形。

(2) 波形参数的自动测量

在操作菜单 MENU 控制区,按下"MEASURE"键,即可在屏幕上读出波形的频率、电压峰-峰值和有效值等参数。

2. 函数信号发生器

函数信号发生器可输出正弦波、方波、三角波三种波形。输出电压的峰-峰值最大可达 20V。通过输出衰减开关和输出幅度调节旋钮,可使输出电压在毫伏级到伏级范围内连续调节。其输出信号频率可以通过频率分挡开关进行调节。函数信号发生器作为信号源,一般不带功率输出,它的输出端更不允许短接。

3. 交流毫伏表

交流毫伏表可在其工作频率范围内测量正弦交流电压的有效值。为了防止过载而损坏,测量前一般先把量程开关置于量程较大位置上,然后在测量中逐挡减小量程。

4. 利用万用表测试晶体二极管的原理

测试方法如图 2.1.1-2 所示,其中,指针万用表红表笔所连接的是表内电池的负极,黑表笔则连接着表内电池的正极。

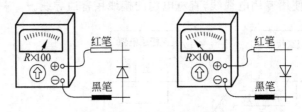

图 2.1.1-2　二极管的测试

(1) 选用 $R \times 100$ 或 $R \times 1k$ 挡,用红表笔接二极管的一端,黑表笔接二极管的另一端,记下此时的电阻值。把万用表表笔对调,记下另一个电阻值。

(2) 比较两个阻值,如果一个阻值大到几十千欧至几百千欧(称为反向电阻),一个阻值小到几十至几百欧(称为正向电阻),则表明该二极管完好。对应出现较小阻值的测量,与黑表笔接的电极为二极管正极,与红表笔接的电极为二极管负极。

(3) 两阻值之间的差别越大,说明管子的性能越好。如果两阻值均为 0,则该管内部已短路;如果两阻值趋于无穷大,则该管内部已断路。内部短路和断路均表明该二极管已损坏。

(4) 硅二极管的正、反向电阻值一般都比锗二极管大,如果用 $R \times 100$ 挡测得正向电阻 $500\Omega \sim 1k\Omega$ 之间则为锗二极管,若在几千欧至几十千欧之间,则为硅二极管。

用数字万用表测量二极管的方法如下:

(1) 数字万用表红表笔连接的是表内电池的正极,黑表笔连接的是表内电池的负极。测量时使用二极管挡,当数字万用表红(+)表笔接二极管的正极,黑(-)表笔接二极管的负极,正常时数字万用表显示的是 0.6(硅材料)或 0.3(锗材料)左右,为二极管的正向导通电压;反之,当数字万用表红(+)表笔接二极管的负极,黑(-)表笔接二极管的正极,正常时数字万用表显示的是"1",为二极管的反向截止电压。

(2) 如果数字万用表红(+)表笔接二极管的正极,黑(-)表笔接二极管的负极,显示为"0",则表明该二极管已经短路;显示为"1",则表明该二极管已经开路。以上方法同样适用于三极管 PN 结好坏的判断。

5. 利用万用表测试晶体三极管的原理

(1) 假设三极管的某一极为基极,将红表笔接在假设的基极上,将黑表笔分别接另外两个极测其电阻,如果两次测得电阻均为低阻值且相等,此时再对换表笔测其电阻,如果均为高阻值且相等,则红笔接的就是要找的基极。又因红笔接基极,所以是 PNP 型三极管。

(2) 如果红表笔接假设的基极,照前述方法测量,结果均为高阻值且相等,对换表笔测其电阻均为低阻值且相等,则黑表笔所接为基极,且为 NPN 三极管。

(3) 如果上述方法测得结果一个为低阻值,一个为高阻值,则原假设的基极是错的,必须假设另一脚为基极进行测量,方法如前,直到判别出基极和类型。当三次测量均不出现相等的高、低值阻值,则说明该三极管已损坏。

(4) 如图 2.1.1-3 所示,若测量的是 PNP 型三极管,先假设某极为集电极,把红表笔接在假设的集电极上,黑表笔接发射极,在基极和集电极之间接入 100kΩ 电阻(或用手捏住基极和集电极,但不能相碰),即在基极与集电极间接入了偏置电阻,给三极管的基极加上了正

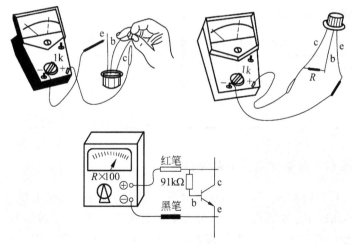

图 2.1.1-3 三极管的测试

向电流,使三极管导通。记下此时的阻值,然后将红、黑表笔对换重测,也记下其阻值,比较两次阻值的大小,出现小阻值的测量假设是正确的,则该次测量红表笔所接是集电极。反之,对于 NPN 型管,黑表笔所接是集电极。因为集电极与发射极间电阻小说明流过万用表的电流大,偏置正常。

用数字万用表测量三极管的方法如下:

(1) 用数字万用表的二极管挡位测量三极管的类型和基极

判断时可将三极管看成是一个背靠背的 PN 结,按照判断二极管的方法,可以判断出其中一极为公共正极或公共负极,此极即为基极 b。对 NPN 型管,基极是公共正极;对 PNP 型管则是公共负极。因此,判断出基极是公共正极还是公共负极,即可知道被测三极管是 NPN 或 PNP 型管。

(2) 发射极 e 和集电极 c 的判断

利用万用表测量 β(HFE)值的挡位,判断发射极 e 和集电极 c。将挡位旋至 HFE,已判定出的基极插入所对应类型的孔中,把其余管脚分别插入 c、e 孔观察数据;再将 c、e 孔中的管脚对调后观察数据,数值大的说明管脚插入正确。

三、 实验设备与元器件

1. 函数信号发生器、双踪示波器。
2. 交流毫伏表、万用表等。

四、 实验内容

1. 用机内校正信号对示波器进行自检

将示波器的"校正信号"通过专用电缆线引入选定的通道,将输入耦合方式置于"AC"或"DC",按下"AUTO"按钮,使示波器显示屏上显示出稳定的方波波形,读取该"校正信号"的幅度和周期(或频率),记入表 2.1.1-1。

表 2.1.1-1 示波器的"校正信号"的测量数值

校正信号	标 准 值	实 测 值
幅度 $U_{\text{P-P}}/V$		
频率 f/kHz		

2. 用示波器和交流毫伏表测量信号参数

连线如图 2.1.1-4 所示。调节函数信号发生器有关旋钮,使输出频率分别为 100Hz、1kHz、10kHz、100kHz,有效值均为 1V(交流毫伏表测量值)的正弦波信号。按下示波器的"AUTO"按钮,当屏幕显示稳定正弦波波形时,再按下"MEASURE"键,分别读出波形的频率并记入表 2.1.1-2 的左侧表格。

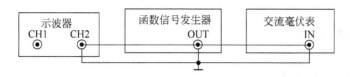

图 2.1.1-4　信号发生器、示波器、交流毫伏表连线

表 2.1.1-2　用示波器和交流毫伏表测量信号的频率和电压参数

信号电压频率	示波器测量值		信号电压毫伏表读数	示波器测量值	
	周期/ms	频率/Hz		峰-峰值/V	有效值/V
100Hz			5mV		
1kHz			100mV		
10kHz			1V		
100kHz			5V		

调节函数信号发生器有关旋钮,使输出信号频率为 1kHz,有效值分别为 5mV、100mV、1V、5V(交流毫伏表测量值)的正弦波信号。用示波器的"MEASURE"功能测量信号源输出电压的峰-峰值和有效值,记入表 2.1.1-2 的右侧表格。

3. 二极管的测量

使用万用电表的欧姆挡,并选择 $R \times 100$ 或 $R \times 1k$ 挡,测量判别出二极管的管脚,判断其材料(硅或锗)。

4. 三极管的测量

使用万用电表的欧姆挡,并选择 $R \times 100$ 或 $R \times 1k$ 挡位,测量判别出三极管的管脚、型号(NPN 型或 PNP 型),并判断其材料(硅或锗)。

五、　实验注意事项

1. 示波器暂不使用时,不必关断电源。
2. 当毫伏表接入被测信号电压时,一般应先接地线,再接信号线;在接入信号电压前,毫伏表应先置大量程挡,接入信号后,再逐次向小量程转换。
3. 使用中避免稳压电源、信号发生器的输出对地短路。
4. 测量连线时示波器、信号发生器、交流毫伏表等仪器的地端、直流电源的负端等应接在同一点上,以防止干扰。

六、　预习与思考题

1. 阅读实验中有关的内容。
2. 实验前要求阅读本书附录部分的数字存储示波器、函数信号发生器的使用说明书,了解基本原理和使用方法。

七、 实验报告要求

1. 整理实验数据,并进行分析。

2. 问题讨论:如何操纵示波器有关旋钮和按键,以便从示波器显示屏上观察到稳定、清晰的波形?

3. 函数信号发生器有哪几种输出波形? 它的输出端能否短接,如用屏蔽线作为输出引线,则屏蔽层一端应该接在哪个接线柱上?

4. 交流毫伏表是用来测量正弦波电压还是非正弦波电压? 它的表头指示值是被测信号的什么数值? 它是否可以用来测量直流电压的大小?

5. 整理二极管、三极管测量数据并进行分析,判断出好坏及管脚。

实验二   集成运算放大电路线性应用——模拟运算电路

一、 实验目的

1. 研究由集成运算放大器组成的比例、加法、减法等运算电路的功能。

2. 了解运算放大器在实际应用时应考虑的有关问题。

二、 实验原理

本实验采用的集成运算放大器(简称运放)型号为 μA741(或 F007),引脚排列如图 2.1.2-1 所示,符号如图 2.1.2-2 所示。它是八脚双列直插式组件,2 脚和 3 脚为反相和同相输入端,6 脚为输出端,7 脚和 4 脚为正、负电源端,1 脚和 5 脚为失调调零端,1 脚和 5 脚之间可接入一只几十千欧的电位器并将滑动触头接到负电源端,8 脚为空脚。

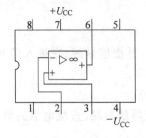

图 2.1.2-1   μA741 管脚图

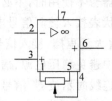

图 2.1.2-2   μA741 符号图

在大多数情况下,将运放视为理想运放,就是将运放的各项技术指标理想化。

下面介绍一些基本运算电路。

1. 反相比例运算电路

电路如图 2.1.2-3 所示。对于理想运放,该电路的输出电压与输入电压之间的关系为

$$U_\text{o} = -\frac{R_\text{F}}{R_1} U_\text{i}$$

为了减小输入级偏置电流引起的运算误差,在同相输入端应接入平衡电阻 $R_2 = R_1 /\!/ R_\text{F}$。

2. 反相加法运算电路

电路如图 2.1.2-4 所示,输出电压与输入电压之间的关系为

$$U_\text{o} = -\left(\frac{R_\text{F}}{R_1} U_{\text{i}1} + \frac{R_\text{F}}{R_2} U_{\text{i}2}\right)$$

平衡电阻 $R_3 = R_1 /\!/ R_2 /\!/ R_\text{F}$。

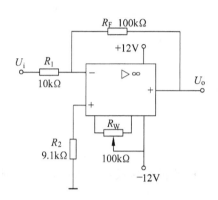

图 2.1.2-3　反相比例运算电路

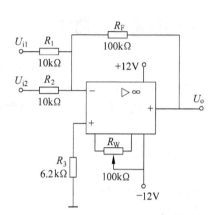

图 2.1.2-4　反相加法运算电路

3. 同相比例运算电路

图 2.1.2-5(a)所示为同相比例运算电路,它的输出电压与输入电压之间的关系为

$$U_\text{o} = \left(1 + \frac{R_\text{F}}{R_1}\right) U_\text{i}$$

平衡电阻 $R_2 = R_1 /\!/ R_\text{F}$。

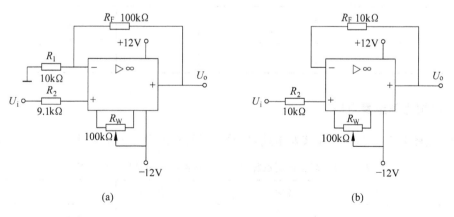

(a)　　　　　　　　　　　　　　　　　(b)

图 2.1.2-5　同相比例运算电路

（a）电路图；（b）电压跟随器

当 $R_1 \to \infty$ 时,$U_\text{o} = U_\text{i}$,即得到如图 2.1.2-5(b)所示的电压跟随器。图中 $R_2 = R_\text{F}$,用以

减小漂移和起保护作用。一般 R_F 取 $10k\Omega$，R_F 太小起不到保护作用，太大则影响跟随性。

4. 差动放大电路(减法器)

对于图 2.1.2-6 所示的减法运算电路，当 $R_1 = R_2$，$R_3 = R_F$ 时，有如下关系式：

$$U_o = \frac{R_F}{R_1}(U_{i2} - U_{i1})$$

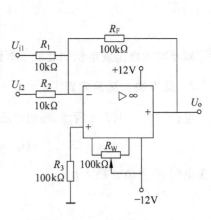

图 2.1.2-6　减法运算电路

三、 实验设备与元器件

1. $\pm 12V$ 直流电源，函数信号发生器。
2. 交流毫伏表，直流电压表。
3. 集成运算放大器 μA741$\times$1，电阻器、电容器若干。

四、 实验内容

实验前要看清运放组件各管脚的位置，切忌正、负电源极性接反和输出端短路，否则将会损坏集成块。

1. 反相比例运算电路

(1) 按图 2.1.2-3 连接实验电路，接通 $\pm 12V$ 电源，输入端对地短路，进行调零和消振。

(2) 输入正弦交流电压 u_i 的频率为 $100Hz$、有效值为 $0.5V$，测量对应的输出电压 u_o，并用示波器观察 u_o 和 u_i 的相位关系，记入表 2.1.2-1。

表 2.1.2-1　反相比例运算电路实验数据($U_i = 0.5V$，$f = 100Hz$)

U_i/V	U_o/V	u_i 波形	u_o 波形	A_V	
				实测值	计算值

2. 同相比例运算电路

(1) 按图 2.1.2-5(a) 连接实验电路，实验步骤同实验内容1，将结果记入表 2.1.2-2。

表 2.1.2-2　同相比例运算电路实验数据($U_i = 0.5V$，$f = 100Hz$)

U_i/V	U_o/V	u_i 波形	u_o 波形	A_V	
				实测值	计算值

（2）将图 2.1.2-5(a)中的 R_1 断开，即得到图 2.1.2-5(b)所示实验电路，重复实验内容 1,将结果记入表 2.1.2-3。

表 2.1.2-3 同相电压跟随器实验数据（$U_i = 0.5$ V，$f = 100$ Hz）

U_i/V	U_o/V	u_i 波形	u_o 波形	A_V	
				实测值	计算值

3. 反相加法运算电路

（1）按图 2.1.2-4 连接实验电路，调零和消振。

（2）输入信号采用直流信号源，实验时要注意选择合适的直流信号幅度以确保集成运放工作在线性区。用直流电压表测量输入电压 U_{i1}、U_{i2} 及输出电压 U_o,记入表 2.1.2-4。

表 2.1.2-4 反相加法运算电路实验数据

U_{i1}/V	0.1		0.4		0.8
U_{i2}/V	0.2		0.2		0.2
U_o/V					

4. 减法运算电路

（1）按图 2.1.2-6 连接实验电路，调零和消振。

（2）采用直流输入信号，实验步骤同实验内容 3,将测量结果记入表 2.1.2-5。

表 2.1.2-5 减法运算电路实验数据

U_{i1}/V	0.6		1		1.4
U_{i2}/V	0.4		0.4		0.4
U_o/V					

五、 实验注意事项

1. 运放正、负电源及地的连接正确，输出端不能对地短接，以防损坏运放。

2. 试验前可利用电压跟随器的特性检查芯片的好坏。

3. 注意运放工作在线性区时的最大输出电压值约为 10V。

4. 改接电路时必须先关断电源，电路接好后确认无误方可通电实验。

5. 由于所用元件较多，应尽量选用短的连接线，以便于检查。

六、 预习与思考题

1. 复习集成运放线性应用部分内容,并根据实验电路参数计算各电路输出电压的理论值。

2. 在反相加法器中,如 U_{i1} 和 U_{i2} 均采用直流信号,并选定 $U_{i2}=-1V$,当考虑到运算放大器的最大输出幅度($\pm 12V$)时,$|U_{i1}|$ 的大小不应超过多少伏?

3. 为了不损坏集成块,实验中应注意什么问题?

七、 实验报告要求

1. 整理实验数据,画出波形图(注意波形间的相位关系)。

2. 将理论计算结果和实测数据相比较,分析产生误差的原因。

3. 分析讨论实验中出现的现象和问题。

实验三　晶体管共射极单管放大器

一、 实验目的

1. 学会放大器静态工作点的调试方法,分析静态工作点对放大器性能的影响。

2. 掌握放大器电压放大倍数、输入电阻、输出电阻及最大不失真输出电压的测试方法。

3. 熟悉常用电子仪器及模拟电路实验设备的使用。

二、 实验原理

图 2.1.3-1 所示为电阻分压式工作点稳定单管放大器实验电路图。当在放大器的输入端加入输入信号 u_i 后,在放大器的输出端便可得到一个与 u_i 相位相反、幅值被放大了的输出信号 u_o。从而实现了电压放大。

在图 2.1.3-1 所示的电路中,当流过偏置电阻 R_{B1} 和 R_{B2} 的电流远大于晶体管 T 的基极电流 I_B 时(一般 5～10 倍),则它的静态工作点可用下式估算:

$$U_B \approx \frac{R_{B1}}{R_{B1}+R_{B2}}U_{CC}$$

$$I_E \approx \frac{U_B-U_{BE}}{R_E} \approx I_C$$

$$U_{CE}=U_{CC}-I_C(R_C+R_E)$$

放大器的电压放大倍数为

$$A_V=-\beta\frac{R_C /\!/ R_L}{r_{be}}$$

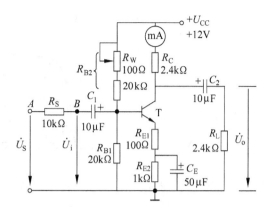

图 2.1.3-1　共射极单管放大器实验电路

放大器的输入电阻为

$$R_i = R_{B1} /\!/ R_{B2} /\!/ r_{be}$$

放大器的输出电阻为

$$R_o \approx R_C$$

放大器的测量和调试包括放大器静态工作点的测量与调试、消除干扰与自激振荡、放大器各项动态参数的测量与调试等。

1. 放大器静态工作点的测量与调试

（1）静态工作点的测量

测量放大器的静态工作点，应在输入信号 $u_i = 0$ 的情况下进行，即将放大器输入端与地端短接，然后选用量程合适的直流毫安表和直流电压表，分别测量晶体管的集电极电流 I_C 以及各电极对地的电位 U_B、U_C 和 U_E。一般实验中，为了避免断开集电极，经常采用测量电压 U_E 或 U_C，然后算出 I_C 的方法。

（2）静态工作点的调试

放大器静态工作点的调试是指对三极管集电极电流 I_C（或 U_{CE}）的调整与测试。静态工作点是否合适，对放大器的性能和输出波形都有很大影响。若工作点偏高，放大器在加入交流信号以后易产生饱和失真，此时 u_o 的负半周将被削底，如图 2.1.3-2(a)所示；若工作点偏低则易产生截止失真，即 u_o 的正半周被缩顶（一般截止失真不如饱和失真明显），如图 2.1.3-2(b)所示。

改变电路参数 U_{CC}、R_C、R_B（R_{B1}、R_{B2}）都会引起静态工作点的变化，如图 2.1.3-3 所示。但通常多采用调节偏置电阻 R_{B2} 的方法来改变静态工作点，如减小 R_{B2}，则可使静态工作点提高。

要说明的是，所谓工作点"偏高"或"偏低"不是绝对的，而应该相对信号的幅度而言，如输入信号幅度很小，即使工作点较高或较低也不一定会出现失真。所以确切地说，产生波形失真是信号幅度与静态工作点设置配合不当所致。如需满足较大信号幅度的要求，静态工作点最好尽量靠近交流负载线的中点。

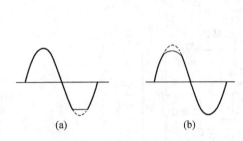

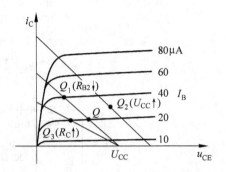

图 2.1.3-2　静态工作点对 u_o 波形失真的影响　　　图 2.1.3-3　电路参数对静态工作点的影响

2. 放大器动态指标测试

放大器的动态指标包括电压放大倍数、输入电阻、输出电阻、最大不失真输出电压(动态范围)和通频带等。

（1）电压放大倍数 A_V 的测量

调整放大器到合适的静态工作点，然后加入输入电压 u_i，在输出电压 u_o 不失真的情况下，用交流毫伏表测出 u_i 和 u_o 的有效值，则

$$A_V = \frac{U_o}{U_i}$$

（2）最大不失真输出电压 $U_{OP\text{-}P}$ 的测量(最大动态范围)

如上所述，为了得到最大动态范围，应将静态工作点调整在交流负载线的中点。为此在放大器正常工作情况下，逐步增大输入信号的幅度，并同时调节 R_W（改变静态工作点），用示波器观察 u_o 的波形，当输出波形同时出现削底和缩顶现象，说明静态工作点已调在交流负载线的中点。然后反复调整输入信号，使波形输出幅度最大，且无明显失真时，用交流毫伏表测出 U_o（有效值），则动态范围等于 $2\sqrt{2}U_o$，或用示波器直接读出 $U_{OP\text{-}P}$。

（3）输入电阻 R_i 的测量

为了测量放大器的输入电阻，按图 2.1.3-4 所示电路在被测放大器的输入端与信号源之间串入一已知电阻 R，在放大器正常工作的情况下，用交流毫伏表测出 U_S 和 U_i，则根据输入电阻的定义可得出

$$R_i = \frac{U_i}{I_i} = \frac{U_i}{U_R/R} = \frac{U_i}{U_S - U_i}R$$

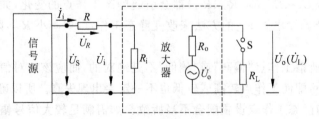

图 2.1.3-4　输入、输出电阻测量电路

测量时应注意下列几点。

① 由于所串电阻 R 两端没有电路公共接地点,所以不能用交流毫伏表直接测量电阻电压 U_R,只能分别测出 U_S 和 U_i,然后按 $U_R = U_S - U_i$ 求出 U_R 的值。

② 电阻 R 的值不宜取得过大或过小,以免产生较大的测量误差,通常取 R 与 R_i 为同一数量级为好。本实验可取 $R = 1 \sim 2\text{k}\Omega$。

（4）输出电阻 R_o 的测量

按图 2.1.3-4 所示电路,在放大器正常工作条件下,测出输出端不接负载 R_L 的输出电压 U_o 和接入负载后的输出电压 U_L,根据 $U_L = \dfrac{R_L}{R_o + R_L} U_o$,即可求出 $R_o = \left(\dfrac{U_o}{U_L} - 1\right) R_L$。

在测试中应注意,必须保持 R_L 接入前后输入信号的大小不变。

（5）放大器幅频特性的测量

放大器的幅频特性是指放大器的电压放大倍数 A_V 与输入信号频率 f 之间的关系曲线。单管阻容耦合放大电路的幅频特性曲线如图 2.1.3-5 所示,其中 A_{Vm} 为中频电压放大倍数。通常规定电压放大倍数随频率变化下降到中频放大倍数的 $1/\sqrt{2}$ 倍,即 $0.707A_{Vm}$ 所对应的频率分别称为下限频率 f_L 和上限频率 f_H,则通频带为 $f_{BW} = f_H - f_L$。

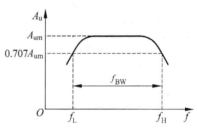

图 2.1.3-5　幅频特性曲线

放大器幅频特性的测量就是测量不同频率信号时的电压放大倍数 A_V。为此,可采用前述测 A_V 的方法,每改变一个信号频率,测量其相应的电压放大倍数,测量时应注意取点要恰当,在低频段与高频段应多测几点,在中频段可少测几点。此外,在改变频率时,要保持输入信号的幅度不变,且输出波形不得失真。

三、 实验设备与元器件

1. $+12\text{V}$ 直流电源,函数信号发生器,双踪示波器。
2. 交流毫伏表,直流电压表、毫安表。
3. 共射极单管放大器实验电路板。

四、 实验内容

实验电路如图 2.1.3-1 所示。各电子仪器可按图 2.1.1-1 所示方式连接,为防止干扰,各仪器的公共端必须连在一起,同时信号源、交流毫伏表和示波器的引线应采用专用电缆线或屏蔽线。如使用屏蔽线,则屏蔽线的外包金属网应接在公共接地端上。

1. 调试静态工作点

接通直流电源前,先将 R_W 调至最大,函数信号发生器输出旋钮旋至零。接通 $+12\text{V}$ 电源、调节 R_W,使 $I_C = 2.0\text{mA}$（即 $U_E = 2.0\text{V}$）,用直流电压表测量 U_B、U_E、U_C 及用万用表测量 R_{B2} 的值,记入表 2.1.3-1。

表 2.1.3-1　调试静态工作点数据($I_C=2.0\text{mA}$)

测　量　值				计　算　值		
U_B/V	U_E/V	U_C/V	$R_{B2}/\text{k}\Omega$	U_{BE}/V	U_{CE}/V	I_C/mA

2. 测量电压放大倍数

在放大器输入端加入频率为 1kHz 的正弦信号 u_S,调节函数信号发生器的输出旋钮使放大器输入电压 $U_i \approx 10\text{mV}$,同时用示波器观察放大器输出电压 u_o 波形,在波形不失真的条件下用交流毫伏表测量表中所示情况时 u_o 值,并用双踪示波器观察 u_o 和 u_i 的相位关系,记入表 2.1.3-2。

表 2.1.3-2　测量电压放大倍数数据($I_C=2.0\text{mA}$,$U_i=$　　mV)

$R_C/\text{k}\Omega$	$R_L/\text{k}\Omega$	U_o/V	A_V	观察记录一组 u_o 和 u_i 波形
2.4	∞			
2.4	2.4			

3. 观察静态工作点对电压放大倍数的影响

置 $R_C=2.4\text{k}\Omega$,$R_L=\infty$,u_i 适量,调节 R_W,用示波器监视输出电压波形,在 u_o 不失真的条件下,测量 I_C 和 u_o 值,记入表 2.1.3-3。

表 2.1.3-3　静态工作点对电压放大倍数的影响数据($R_C=2.4\text{k}\Omega$,$R_L=\infty$,$U_i=$　　mV)

I_C/mA			2.0		
U_o/V					
A_V					

测量 I_C 时,要先将信号源输出旋钮旋至零(即使 $u_i=0$)。

4. 观察静态工作点对输出波形失真的影响

置 $R_C=2.4\text{k}\Omega$,$u_i=0$,调节 R_W 使 $I_C=2.0\text{mA}$,测出 U_{CE} 的值,再逐步加大输入信号,使输出电压 u_o 足够大但不失真。然后保持输入信号不变,分别增大和减小 R_W,使波形出现失真,绘出 u_o 的波形,并测出失真情况下的 I_C 和 U_{CE} 值,记入表 2.1.3-4 中。每次测 I_C 和 U_{CE} 值时都要将信号源的输出旋钮旋至零。

5. 测量最大不失真输出电压

置 $R_C=2.4\text{k}\Omega$,$R_L=2.4\text{k}\Omega$,按照实验原理 2(2)中所述方法,同时调节输入信号的幅度和电位器 R_W,用示波器和交流毫伏表测量 $U_{OP\text{-}P}$ 及 U_o 值,记入表 2.1.3-5。

表 2.1.3-4 静态工作点对输出波形失真的影响数据($R_C=2.4\text{k}\Omega$，$R_L=\infty$，$U_i=$ mV)

I_C/mA	U_{CE}/V	U_o 波形	失真情况	管子工作状态
2.0				

表 2.1.3-5 测量最大不失真输出电压数据($R_C=2.4\text{k}\Omega$，$R_L=2.4\text{k}\Omega$)

I_C/mA	U_{im}/mV	U_{om}/V	$U_{OP\text{-}P}/\text{V}$

*6. 测量输入电阻和输出电阻

置 $R_C=2.4\text{k}\Omega$，$R_L=2.4\text{k}\Omega$，$I_C=2.0\text{mA}$。输入 $f=1\text{kHz}$ 的正弦信号，在输出电压 u_o 不失真的情况下，用交流毫伏表测出 U_S、U_i 和 U_L 记入表 2.1.3-6。保持 U_S 不变，断开 R_L，测量输出电压 u_o，记入表 2.1.3-6。

表 2.1.3-6 测量输入电阻和输出电阻数据($I_C=2\text{mA}$，$R_C=2.4\text{k}\Omega$，$R_L=2.4\text{k}\Omega$)

U_S/mV	U_i/mV	$R_i/\text{k}\Omega$		U_L/V	U_o/V	$R_o/\text{k}\Omega$	
		测量值	计算值			测量值	计算值

五、 实验注意事项

1. 调节电位器 R_W 时不可用力，以免损坏。

2. 测量连线时需将示波器、信号发生器、交流毫伏表等仪器的地端、直流电源的负端与实验板的地线接在一起，以防止干扰。

3. 操作时信号发生器的输出连线端的两个夹子应避免碰撞在一起，以免短路烧毁仪器。

六、 预习与思考题

1. 阅读教材中有关单管放大电路的内容并估算实验电路的性能指标。

2. 能否用直流电压表直接测量晶体管的 U_{BE}？为什么实验中要采用测 U_B、U_E，再间接算出 U_{BE} 的方法？

3. 怎样测量 R_{B2} 阻值？

4. 当调节偏置电阻 R_{B2} 使放大器输出波形出现饱和或截止失真时，晶体管的管压降 U_{CE} 怎样变化？为什么信号频率一般选 1kHz，而不选 100kHz 或更高？

5. 测试中，如果将函数信号发生器、交流毫伏表、示波器中任一仪器的两个测试端子接线换位（即各仪器的接地端不再连在一起），将会出现什么问题？

七、 实验报告要求

1. 列表整理测量结果，并把实测的静态工作点、电压放大倍数值与理论计算值比较（取一组数据进行比较），分析产生误差的原因。

2. 总结 R_C、R_L 及静态工作点对放大器电压放大倍数的影响。

3. 讨论静态工作点变化对放大器输出波形的影响。

4. 分析讨论在调试过程中出现的问题。

实验四　射极跟随器

一、 实验目的

1. 掌握射极跟随器的特性及测试方法。

2. 进一步学习放大器各项参数测试方法。

二、 实验原理

射极跟随器的电路如图 2.1.4-1 所示。这是一个电压串联负反馈放大电路，它具有输入电阻高、输出电阻低，电压放大倍数接近于 1，输出电压能够在较大范围内跟随输入电压作线性变化以及输入、输出信号同相等特点。

射极跟随器的输出取自发射极，故称其为射极输出器。

1. 输入电阻 R_i

由图 2.1.4-1 所示的射极跟随器，可得出

$$R_i = r_{be} + (1+\beta)R_E$$

如考虑偏置电阻 R_B 和负载 R_L 的影响，则

$$R_i = R_B // [r_{be} + (1+\beta)(R_E // R_L)]$$

输入电阻的测试方法同单管放大器，对如图 2.1.4-2 所示的实验电路，输入电阻为

$$R_i = \frac{U_i}{I_i} = \frac{U_i}{U_s - U_i} R$$

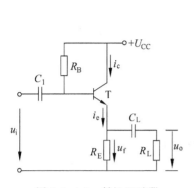

图 2.1.4-1 射极跟随器

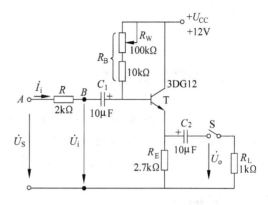

图 2.1.4-2 射极跟随器实验电路

即只要测得 A、B 两点的对地电位即可计算出 R_i。

2. 输出电阻 R_o

由图 2.1.4-1 所示的射极跟随器，可得出

$$R_o = \frac{r_{be}}{\beta} /\!/ R_E \approx \frac{r_{be}}{\beta}$$

如考虑信号源内阻 R_S，则

$$R_o = \frac{r_{be} + (R_S /\!/ R_B)}{\beta} /\!/ R_E \approx \frac{r_{be} + (R_S /\!/ R_B)}{\beta}$$

输出电阻 R_o 的测试方法亦同单管放大器，即先测出空载输出电压 U_o，再测接入负载 R_L 后的输出电压 U_L，根据

$$U_L = \frac{R_L}{R_o + R_L} U_o$$

即可求出

$$R_o = \left(\frac{U_o}{U_L} - 1\right) R_L$$

3. 电压放大倍数

$$A_V = \frac{(1+\beta)(R_E /\!/ R_L)}{r_{be} + (1+\beta)(R_E /\!/ R_L)} \leqslant 1$$

上式说明射极跟随器的电压放大倍数小于 1 且接近于 1，并为正值，但其射极电流仍是基级电流的 $(1+\beta)$ 倍，所以仍具有一定的电流和功率放大作用。

4. 电压跟随范围

电压跟随范围是指射极跟随器输出电压 u_o 跟随输入电压 u_i 作线性变化的区域。当 u_i 超过一定范围时，u_o 便不能跟随 u_i 作线性变化，即 u_o 波形产生了失真。为了使输出电压 u_o 正、负半周对称，并充分利用电压跟随范围，静态工作点应选在交流负载线中点。测量时可直接用示波器读取 u_o 的峰-峰值 U_{OP-P} 或用交流毫伏表读取 u_o 的有效值 U_o 作为电压跟随范

围。二者关系为

$$U_{\text{OP-P}} = 2\sqrt{2}U_。$$

三、 实验设备与元器件

1. ＋12V 直流电源,函数信号发生器,双踪示波器。
2. 交流毫伏表,直流电压表,频率计。
3. 3DG12×1($\beta = 50 \sim 100$)或 9013,电阻器、电容器若干。

四、 实验内容

按图 2.1.4-2 连接实验电路。

1. 静态工作点的调整

接通＋12V 直流电源,在 B 点加入 $f = 1\text{kHz}$ 正弦信号 u_i,在输出端用示波器监视输出电压 $u_。$ 的波形,反复调整 R_W 及信号源的输出幅度,使在示波器的屏幕上得到一个最大不失真输出波形,然后置 $u_i = 0$,用直流电压表测量晶体管各电极对地电位,将测得数据记入表 2.1.4-1。

表 2.1.4-1 静态工作点的调整数据

U_E/V	U_B/V	U_C/V	I_E/mA

以下进行的整个测试过程应保持 R_W 值不变(即保持静态工作点的 I_E 不变)。

2. 测量电压放大倍数 A_V

接入负载 $R_L = 1\text{k}\Omega$,在 B 点加入 $f = 1\text{kHz}$ 的正弦信号 u_i,调节输入信号幅度,用示波器观察输出波形 $u_。$,在输出最大不失真情况下,用交流毫伏表测 U_i、U_L 的值,记入表 2.1.4-2。

3. 测量输出电阻 $R_。$

接入负载 $R_L = 1\text{k}\Omega$,在 B 点加入 $f = 1\text{kHz}$ 的正弦信号 u_i,用示波器监视输出波形,测量空载输出电压 $U_。$ 及带负载时输出电压 U_L,记入表 2.1.4-3。

表 2.1.4-2 测量电压放大倍数数据

U_i/V	U_L/V	A_V

表 2.1.4-3 测量输出电阻数据

$U_。/\text{V}$	U_L/V	$R_。/\text{k}\Omega$

4. 测量输入电阻 R_i

在 A 点加入 $f = 1\text{kHz}$ 的正弦信号 u_S,用示波器监视输出波形,用交流毫伏表分别测出

A、B 点对地的电位 U_s、U_i,记入表 2.1.4-4。

5. 测试跟随特性

接入负载 $R_L=1\text{k}\Omega$,在 B 点加入 $f=1\text{kHz}$ 的正弦信号 u_i,逐渐增大信号 u_i 幅度,用示波器监视输出波形直至输出波形达最大不失真,测量对应的 U_L 值,记入表 2.1.4-5。

表 2.1.4-4 测量输入电阻数据

U_s/V	U_i/V	$R_i/\text{k}\Omega$

表 2.1.4-5 测试跟随特性数据

U_i/V	
U_L/V	

五、 实验注意事项

1. 调节电位器 R_W 时不可用力,以免损坏。

2. 测量连线时需将示波器、信号发生器、交流毫伏表等仪器的地端、直流电源的负端与实验板的地线接在一起,以防止干扰。

3. 操作时信号发生器的输出连线端的两个夹子应避免碰撞在一起,以免短路烧毁仪器。

六、 预习与思考题

1. 复习射极跟随器的工作原理。

2. 为什么多级放大电路的输入级和输出级常用射极跟随器电路?

七、 实验报告要求

1. 根据图 2.1.4-2 的元件参数值估算静态工作点,并画出交、直流负载线。

2. 整理实验数据,计算射极跟随器电压放大倍数 A_V、输出电阻 R_o、输入电阻 R_i。

3. 分析射极跟随器的性能和特点。

4. 分析讨论在调试过程中出现的问题。

实验五 场效应管放大器

一、 实验目的

1. 了解结型场效应管及其放大器的性能和特点。

2. 进一步熟悉放大器动态参数的测试方法。

二、实验原理

　　场效应管是一种电压控制型器件,按结构可分为结型和绝缘栅型两种类型。由于场效应管栅源之间处于绝缘或反向偏置,所以输入电阻很高(一般可达上百兆欧);又由于场效应管是一种多数载流子控制器件,因此热稳定性好,抗辐射能力强,噪声系数小。加之其制造工艺较简单,便于大规模集成,因此得到越来越广泛的应用。

1. 结型场效应管的特性和参数

　　场效应管的特性主要有输出特性和转移特性。图 2.1.5-1 所示为 N 沟道结型场效应管 3DJ6F 的输出特性和转移特性曲线。其直流参数主要有饱和漏极电流 I_{DSS} 和夹断电压 U_P 等;交流参数主要有低频跨导:

$$g_m = \frac{\Delta I_D}{\Delta U_{GS}}\bigg|_{U_{DS}} = 常数$$

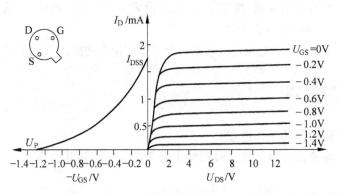

图 2.1.5-1　3DJ6F 的输出特性和转移特性曲线

　　表 2.1.5-1 列出了 3DJ6F 的典型参数值及测试条件。

表 2.1.5-1　场效应管放大器性能

参数名称	饱和漏极电流 I_{DSS}/mA	夹断电压 U_P/V	跨导 g_m/(μA/V)
测试条件	$U_{DS}=10V$ $U_{GS}=0V$	$U_{DS}=10V$ $I_{DS}=50\mu A$	$U_{DS}=10V$ $I_{DS}=3mA(f=1kHz)$
参数值	1~3.5	<|-9|	>100

2. 场效应管放大器性能分析

　　图 2.1.5-2 所示为结型场效应管组成的共源级放大电路,其静态工作点为

$$U_{GS} = U_G - U_s = \frac{R_{g1}}{R_{g1}+R_{g2}}U_{DD} - I_D R_S$$

$$I_D = I_{DSS}\left(1-\frac{U_{GS}}{U_P}\right)^2$$

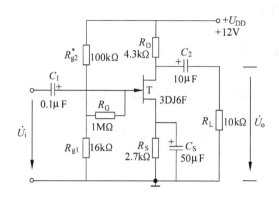

图 2.1.5-2 结型场效应管共源级放大器

中频电压放大倍数为

$$A_V = -g_m R'_L = -g_m R_D // R_L$$

式中跨导 g_m 可由特性曲线作图求得,也可由公式 $g_m = -\dfrac{2I_{DSS}}{U_P}\left(1-\dfrac{U_{GS}}{U_P}\right)$ 计算,但计算时 U_{GS} 要用静态工作点处的数值。

输入电阻 R_i 为

$$R_i = R_G + R_{g1} // R_{g2}$$

输出电阻 R_o 为

$$R_o \approx R_D$$

3. 输入电阻的测量方法

从原理上讲,也可采用实验三中所述方法,但由于场效应管的 R_i 比较大,如直接测输入电压 U_S 和 U_i,则限于测量仪器的输入电阻有限,必然会带来较大的误差。因此为了减小误差,常利用被测放大器的隔离作用,通过测量输出电压 U_o 来计算输入电阻。测量电路如图 2.1.5-3 所示。

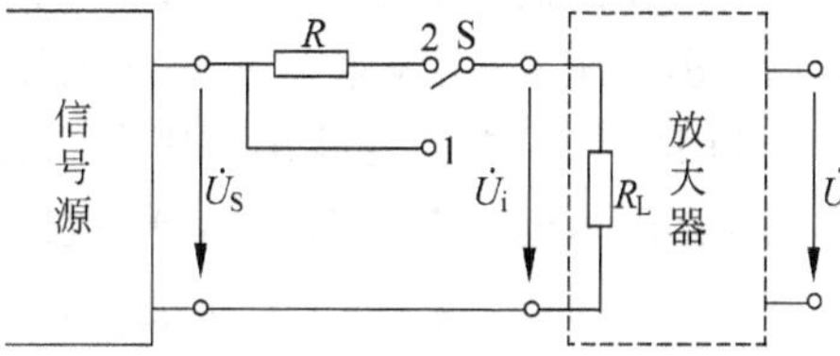

图 2.1.5-3 输入电阻测量电路

在放大器的输入端串入电阻 R,将开关 S 掷向位置 1(即使 $R=0$),测量放大器的输出电压 $U_{o1} = A_V U_S$;保持 U_S 不变,再将 S 掷向 2(即接入 R),测量放大器的输出电压 U_{o2}。由于两次测量中 A_V 和 U_S 保持不变,故

$$U_{o2} = A_V U_i = \frac{R_i}{R + R_i} U_S A_V$$

由此可以求出

$$R_i = \frac{U_{o2}}{U_{o1} - U_{o2}} R$$

式中 R 和 R_i 不要相差太大,本实验可取 $R = 100 \sim 200\text{k}\Omega$。

场效应管放大器的静态工作点、电压放大倍数和输出电阻的测量方法,与实验三中晶体管放大器的测量方法相同。

三、实验设备与元器件

1. ＋12V 直流电源,函数信号发生器,双踪示波器。
2. 交流毫伏表,直流电压表。
3. 结型场效应管 3DJ6F×1,电阻器、电容器若干。

四、实验内容

1. 静态工作点的测量和调整

按图 2.1.5-2 连接电路,令 $u_i＝0$,接通＋12V 电源,用直流电压表测量 U_G、U_S 和 U_D。检查静态工作点是否在特性曲线放大区的中间部分,若不是,则适当调整 R_{g2} 和 R_S,静态工作点调整合适后测量 U_G、U_S 和 U_D 的值记入表 2.1.5-2。

表 2.1.5-2   静态工作点的测量和调整数据

测　量　值						计　算　值		
U_G/V	U_S/V	U_D/V	U_{DS}/V	U_{GS}/V	I_D/mA	U_{DS}/V	U_{GS}/V	I_D/mA

2. 电压放大倍数 A_v、输入电阻 R_i 和输出电阻 R_o 的测量

（1）A_v 和 R_o 的测量

在放大器的输入端加入 $f＝1kHz$ 的正弦电压信号,有效值 $U_i＝50\sim100mV$,并用示波器监视输出电压 u_o 的波形。在输出电压 u_o 没有失真的条件下,用交流毫伏表分别测量 $R_L＝\infty$ 和 $R_L＝10k\Omega$ 时的输出电压有效值 U_o(注意:保持 u_i 幅值不变),用示波器同时观察 u_i 和 u_o 的波形,记入表 2.1.5-3,分析它们的相位关系。

表 2.1.5-3   电压放大倍数 A_v 和输出电阻 R_o 的测量数据

	测　量　值				计　算　值		u_i 和 u_o 波形
	U_i/V	U_o/V	A_v	$R_o/k\Omega$	A_v	$R_o(k\Omega)$	
$R_L＝\infty$							
$R_L＝10k\Omega$							

（2）R_i 的测量

按图 2.1.5-3 改接实验电路,选择合适的输入电压 U_S($50\sim100mV$),将开关 S 拨向位

置"1",测出 $R=0$ 时的输出电压 U_{o1},然后将开关掷向位置"2"(接入 R),保持 U_S 不变,再测出 U_{o2},记入表 2.1.5-4,据前式求出 R_i。

表 2.1.5-4 输入电阻 R_i 的测量数据

测 量 值			计 算 值
U_{o1}/V	U_{o2}/V	$R_i/k\Omega$	$R_i/k\Omega$

五、 实验注意事项

1. 为了防止场效应管栅极感应击穿,要求一切测试仪器、线路本身都必须有良好的接地。

2. 场效应管在使用时,要严格按要求的偏置接入电路中,要保证场效应管偏置极性的正确。

六、 预习与思考题

1. 复习教材中有关场效应管放大器的内容。分别用图解法与计算法估算场效应管放大器的静态工作点(根据实验电路参数),求出工作点处的跨导 g_m。

2. 场效应管放大器输入回路的电容 C_1 为什么可以取得小一些?

3. 在测量场效应管放大器静态工作电压 U_{GS} 时,能否用直流电压表直接并在 G、S 两端测量?为什么?

4. 为什么测量场效应管放大器输入电阻时要用测量输出电压的方法?

七、 实验报告要求

1. 整理实验数据,将测得的 A_V、R_i、R_o 和理论计算值进行比较。

2. 把场效应管放大器与晶体管放大器进行比较,总结场效应管放大器的特点。

3. 分析测试中的问题,总结实验收获。

实验六 差动放大器

一、 实验目的

1. 加深对差动放大器性能及特点的理解。

2. 学习差动放大器主要性能指标的测试方法。

二、 实验原理

图 2.1.6-1 所示为差动放大器的基本电路,它由两个元件参数相同的基本共射放大电路组成。当开关 S 拨向左边时,构成典型的差动放大器。调零电位器 R_P 用来调节 T_1、T_2 管的静态工作点,使得输入信号 $U_i=0$ 时,双端输出电压 $U_o=0$。R_E 为两管共用的发射极电阻,它对差模信号无负反馈作用,因而不影响差模电压放大倍数,但对共模信号有较强的负反馈作用,故可以有效地抑制零点漂移,稳定静态工作点。当开关 S 拨向右边时,构成具有恒流源的差动放大器。它用晶体管恒流源代替发射极电阻 R_E,可以进一步提高差动放大器抑制共模信号的能力。

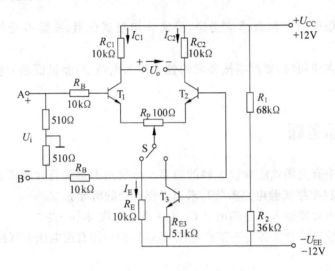

图 2.1.6-1 差动放大器实验电路

1. 静态工作点的估算

对于图 2.1.6-1 所示的典型差动放大器电路(开关 S 拨向左边),有

$$I_E \approx \frac{|U_{EE}|-U_{BE}}{R_E}(认为 U_{B1}=U_{B2}\approx 0)$$

$$I_{C1}=I_{C2}=\frac{1}{2}I_E$$

对于图 2.1.6-1 所示的恒流源差动放大器电路(开关 S 拨向左边),有

$$I_{C3}\approx I_{E3}\approx \frac{\dfrac{R_2}{R_1+R_2}(U_{CC}+|U_{EE}|)-U_{BE}}{R_{E3}}$$

$$I_{C1}=I_{C2}=\frac{1}{2}I_{C3}$$

2. 差模电压放大倍数和共模电压放大倍数

当差动放大器的射极电阻 R_E 足够大,或采用恒流源电路时,差模电压放大倍数 A_d 由

输出端方式决定,而与输入方式无关。双端输出,设 $R_E = \infty$,且 R_P 在中心位置时,有

$$A_d = \frac{\Delta U_o}{\Delta U_i} = \frac{-\beta R_C}{R_B + r_{be} + \frac{1}{2}(1+\beta)R_P}$$

单端输出时,有

$$A_{d1} = \frac{\Delta U_{C1}}{\Delta U_i} = \frac{1}{2}A_d, \quad A_{d2} = \frac{\Delta U_{C2}}{\Delta U_i} = -\frac{1}{2}A_d$$

当输入共模信号时,若为单端输出,则有

$$A_{C1} = A_{C2} = \frac{\Delta U_{C1}}{\Delta U_i} = \frac{-\beta R_C}{R_B + r_{be} + (1+\beta)\left(\frac{1}{2}R_P + 2R_E\right)} \approx -\frac{R_C}{2R_E}$$

若为双端输出,在理想情况下 $A_C = \frac{\Delta U_o}{\Delta U_i} = 0$,实际上由于元件不可能完全对称,因此 A_C 也不会绝对等于零。

3. 共模抑制比

为了表征差动放大器对有用信号(差模信号)的放大作用和对共模信号的抑制能力,通常用一个综合指标来衡量,即共模抑制比(CMRR),定义为

$$\text{CMRR} = \left|\frac{A_d}{A_C}\right| \quad \text{或} \quad \text{CMRR} = 20\lg\left|\frac{A_d}{A_C}\right| \quad \text{(dB)}$$

差动放大器的输入信号可以是直流信号也可以是交流信号。本实验由函数信号发生器提供频率 $f = 1\text{kHz}$ 的正弦信号作为输入信号。

三、 实验设备与元器件

1. $\pm 12\text{V}$ 直流电源,函数信号发生器,双踪示波器。
2. 交流毫伏表,直流电压表。
3. 晶体三极管 3DG6×3(或 9011×3),要求 T_1、T_2 管特性参数一致,电阻、电容器若干。

四、 实验内容

1. 典型差动放大器性能测试

按图 2.1.6-1 连接实验电路,开关 S 拨向左边构成典型差动放大器。

(1) 测量静态工作点

① 调节放大器零点

信号源不接入,将放大器输入端 A、B 与地短接,接通 $\pm 12\text{V}$ 直流电源,用直流电压表测量输出电压 U_o,调节调零电位器 R_P,使 $U_o = 0$。调节要仔细,力求准确。

② 测量静态工作点

零点调好以后,用直流电压表测量 T_1、T_2 管各电极电位及射极电阻 R_E 两端电压 U_{R_E},

记入表 2.1.6-1。

表 2.1.6-1 测量静态工作点数据

测量值	U_{C1}/V	U_{B1}/V	U_{E1}/V	U_{C2}/V	U_{B2}/V	U_{E2}/V	U_{R_E}/V
计算值	I_C/mA			I_B/mA		U_{CE}/V	

（2）测量差模电压放大倍数

断开直流电源，将函数信号发生器的输出端接放大器输入 A 端，地端接放大器的地端，构成单端输入方式，调节输入信号为频率 $f=1kHz$ 的正弦信号，先使输出旋钮旋至零，连接示波器监视输出端（集电极 C_1 或 C_2 与地之间）。

接通 ±12V 直流电源，逐渐增大输入电压 U_i（约 100mV），在输出波形无失真的情况下，用交流毫伏表测量 U_i、U_{C1}、U_{C2}，记入表 2.1.6-2 中，并观察 u_i、u_{C1}、u_{C2} 之间的相位关系及 U_{R_E} 随 U_i 改变而变化的情况。

表 2.1.6-2 测量共模电压放大倍数数据

	典型差动放大器		具有恒流源的差动放大器	
	单端输入	共模输入	单端输入	共模输入
U_i	100mV	1V	100mV	1V
U_{C1}/V				
U_{C2}/V				
$A_{d1}=U_{C1}/U_i$		/		/
$A_d=U_o/U_i$		/		/
$A_{C1}=U_{C1}/U_i$	/		/	
$A_C=U_o/U_i$	/		/	
$CMRR=|A_{d1}/A_C|$				

（3）测量共模电压放大倍数

将放大器输入端 A、B 短接，信号源接在 A 端与地之间，构成共模输入方式，调节输入信号 $f=1kHz$，$U_i=1V$，在输出电压无失真的情况下，测量 U_{C1}、U_{C2} 之值记入表 2.1.6-2，并观察 u_i、u_{C1}、u_{C2} 之间的相位关系及 U_{R_E} 随 U_i 改变而变化的情况。

2. 具有恒流源的差动放大器性能测试

将图 2.1.6-1 所示电路中开关 S 拨向右边，构成具有恒流源的差动放大器。重复实验内容 1(2)、1(3)的要求，记入表 2.1.6-2。

五、实验注意事项

1. 测量数据时，注意表的"＋"、"－"极要保持一致。

2. 无论是直流或交流差模电压放大倍数的测试数据都必须保证在放大器的动态范围内测得。

六、 预习与思考题

1. 根据实验电路参数,估算典型差动放大器和具有恒流源的差动放大器的静态工作点及差模电压放大倍数(取 $\beta_1 = \beta_2 = 100$)。

2. 测量静态工作点时,放大器输入端 A、B 与地应如何连接?

3. 实验中怎样获得双端和单端输入差模信号?怎样获得共模信号?画出 A、B 端与信号源之间的连接图。

4. 怎样进行静态调零点?用什么仪表测 U_o?

5. 怎样用交流毫伏表测双端输出电压 U_o?

七、 实验报告要求

1. 整理实验数据,列表比较实验结果和理论估算值,分析误差原因。

(1) 静态工作点和差模电压放大倍数实测值与理论值比较。

(2) 典型差动放大器单端输出时的 CMRR 实测值与理论值比较。

(3) 典型差动放大器单端输出时 CMRR 的实测值与具有恒流源的差动放大器 CMRR 实测值比较。

2. 比较 u_i、u_{C1} 和 u_{C2} 之间的相位关系。

3. 根据实验结果,说明电阻 R_E 和恒流源的作用。

实验七　　负反馈放大电路

一、 实验目的

1. 进一步理解放大电路中引入负反馈的方法及类型。

2. 理解负反馈对放大器各项性能指标的影响。

二、 实验原理

负反馈放大电路有四种组态,即电压串联、电压并联、电流串联及电流并联。本实验以电压串联负反馈为例,分析负反馈对放大电路各项性能指标的影响。

1. 负反馈放大电路的动态参数

图 2.1.7-1 所示为带有负反馈的两级阻容耦合放大电路,在电路中通过 R_f 把输出电压 u_o 引回到输入端,加在晶体管 T_1 的发射极上,在发射极电阻 R_{F1} 上形成反馈电压 u_f。根据

反馈的判断法可知,它属于电压串联负反馈。其主要性能指标如下。

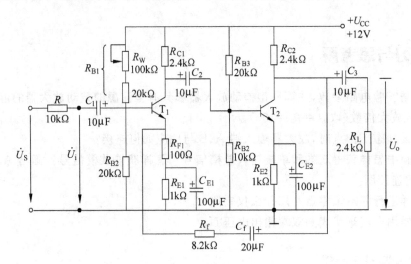

图 2.1.7-1　带有电压串联负反馈的两级阻容耦合放大电路

（1）闭环电压放大倍数 A_{Vf}：

$$A_{Vf} = \frac{A_V}{1 + A_V F_V}$$

其中 $A_V = U_o/U_i$ 为 基本放大器（无反馈）的电压放大倍数,即开环电压放大倍数。$1 + A_V F_V$ 为反馈深度,它的大小决定了负反馈对放大器性能影响的程度。

（2）反馈系数 F_V：

$$F_V = \frac{R_{F1}}{R_f + R_{F1}}$$

（3）输入电阻 R_{if}：

$$R_{if} = (1 + A_V F_V)R_i$$

其中 R_i 为基本放大器的输入电阻。

（4）输出电阻 R_{of}：

$$R_{of} = \frac{R_o}{1 + A_{Vo} F_V}$$

其中,R_o 为基本放大器的输出电阻;A_{Vo} 为基本放大器负载开路时的电压放大倍数。

2. 基本放大电路的动态参数

由前所述可知,若测出基本放大电路的动态参数,也得到负反馈放大电路的反馈系数,则可计算出负反馈放大电路的动态参数。怎样由负反馈放大电路得出无反馈的基本放大电路? 并不是简单地断开反馈支路,而是要遵循"去掉反馈作用,但又要保留反馈网络的负载效应"的原则,得到基本放大电路,为此应:

（1）在画基本放大电路的输入回路时,因为是电压负反馈,所以可将负反馈放大器的输出端交流短路,即令 $u_o = 0$,此时 R_f 相当于并联在 R_{F1} 上。

（2）在画基本放大电路的输出回路时,由于输入端是串联负反馈,因此需将反馈放大电路的输入端（T_1 管的射极）开路,此时（$R_f + R_{F1}$）相当于并接在输出端。可近似认为 R_f 并接在输出端。

根据上述规律,就可得到所要求的如图 2.1.7-2 所示的基本放大电路。

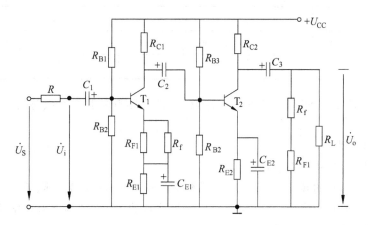

图 2.1.7-2　基本放大电路

三、 实验设备与元器件

1. ＋12V 直流电源,函数信号发生器,双踪示波器,频率计。
2. 交流毫伏表,直流电压表。
3. 晶体三极管 3DG6×2(β＝50～100)或 9011×2,电阻器、电容器若干。

四、 实验内容

1. 测量静态工作点

按图 2.1.7-1 连接实验电路,取 U_{CC}＝＋12V,U_i＝0,用直流电压表分别测量第一级、第二级的静态工作点,记入表 2.1.7-1。

表 2.1.7-1　测量静态工作点数据

	U_B/V	U_E/V	U_C/V	I_C/mA
第一级				
第二级				

2. 测量基本放大电路的各项性能指标

将实验电路按图 2.1.7-2 改接,即把 R_f 断开后分别并在 R_{F1} 和 R_L 上,其他连线不动。

(1) 测量中频电压放大倍数 A_V,输入电阻 R_i 和输出电阻 R_o。

① 以 f＝1kHz,U_i 约 3mV 正弦信号输入放大电路,用示波器监视输出波形 u_o,在不失真的情况下,用交流毫伏表测量 U_S、U_i、U_L,记入表 2.1.7-2。

表 2.1.7-2 测试放大电路的各项性能指标数据

基本放大器	U_S/mV	U_i/mV	U_L/V	U_o/V	A_V	$R_i/k\Omega$	$R_o/k\Omega$
负反馈放大器	U_S/mV	U_i/mV	U_L/V	U_o/V	A_{Vf}	$R_{if}/k\Omega$	$R_{of}/k\Omega$

② 保持 U_S 不变,断开负载电阻 R_L(注意,R_f 不要断开),测量空载时的输出电压 U_o,记入表 2.1.7-2。

(2) 测量通频带

接上 R_L,保持(1)中的 U_S 不变。

① 增加输入信号的频率,直到输出电压降为原来的 70%,即为上限频率 f_H。

② 减小输入信号的频率,直到输出电压降为原来的 70%,即为下限频率 f_L。

将上、下限频率记入表 2.1.7-3。

表 2.1.7-3 测量放大器的通频带数据

基本放大器	f_L/kHz	f_H/kHz	$\Delta f/kHz$
负反馈放大器	f_{Lf}/kHz	f_{Hf}/kHz	$\Delta f_f/kHz$

3. 测量负反馈放大器的各项性能指标

将实验电路恢复为图 2.1.7-1 所示的负反馈放大电路。适当加大 U_S(约 10mV),在输出波形不失真的条件下,测量负反馈放大器的 A_{Vf}、R_{if} 和 R_{of},记入表 2.1.7-2;然后测量 f_{Hf} 和 f_{Lf},记入表 2.1.7-3。

*4. 观察负反馈对非线性失真的改善

(1) 实验电路改接成基本放大电路形式,在输入端加入 $f=1kHz$ 的正弦信号,输出端接示波器,逐渐增大输入信号的幅度,使输出波形开始出现失真,记下此时的波形和输出电压的幅度。

(2) 再将实验电路改接成负反馈放大电路形式,增大输入信号幅度,使输出电压幅度的大小与(1)相同,比较有负反馈时,输出波形的变化。

说明:本实验内容较多,其中实验内容 4 可作为选作内容。

五、实验注意事项

1. 由于电路的放大倍数约为 10(第 1 级)×100(第 2 级)=1000,加之函数信号发生器小信号输出不是很稳定,为了避免无反馈时输出电压 u_o 的失真,加在放大电路的实际信号 u_i 的有效值应限制在 10mV 以内。

2. 在分级调试电路静态工作点时要十分仔细,需要反复调整,以保证适宜。

六、 预习与思考题

1. 复习教材中有关负反馈放大器的内容。

2. 按实验电路图 2.1.7-1 估算放大器的静态工作点(取 $\beta_1 = \beta_2 = 100$)。

3. 怎样把负反馈放大器改接成基本放大器? 为什么要把 R_f 并接在输入和输出端?

4. 估算基本放大器的 A_v、R_i 和 R_o;估算负反馈放大器的 A_{vf}、R_{if} 和 R_{of},验算它们之间关系的正确性。

5. 如按深负反馈估算,则闭环电压放大倍数 $A_{vf} = $? 和测量值是否一致? 为什么?

6. 如输入信号存在失真,能否用负反馈来改善?

七、 实验报告要求

1. 将基本放大器和负反馈放大器动态参数的实测值和理论估算值列表进行比较。

2. 根据实验结果,总结电压串联负反馈对放大器性能的影响。

实验八 低频功率放大器——OTL 功率放大器

一、 实验目的

1. 进一步理解 OTL 功率放大器的工作原理。

2. 学会 OTL 电路的调试及主要性能指标的测试方法。

二、 实验原理

图 2.1.8-1 所示为 OTL 低频功率放大器。其中由晶体三极管 T_1 组成推动级(也称前置放大级),T_2、T_3 是一对参数对称的 NPN 和 PNP 型晶体三极管,它们组成互补推挽 OTL 功放电路。由于每一个管子都接成射极输出器形式,因此具有输出电阻低、带负载能力强等优点,适合于作功率输出级。T_1 管工作于甲类状态,它的集电极电流 I_{C1} 由电位器 R_{W1} 进行调节。I_{C1} 的一部分流经电位器 R_{W2} 及二极管 D,给 T_2、T_3 提供偏压。调节 R_{W2},可以使 T_2、T_3 得到合适的静态电流而工作于甲、乙类状态,以克服交越失真。静态时要求输出端中点 A 的电位 $U_A = \frac{1}{2} U_{CC}$,这可以通过调节 R_{W1} 来实现,又由于 R_{W1} 的一端接在 A 点,因此在电路中引入交、直流电压并联负反馈,一方面能够稳定放大器的静态工作点,同时也改善了非线性失真。

当输入正弦交流信号 u_i 时,经 T_1 放大、倒相后同时作用于 T_2、T_3 的基极,u_i 的负半周使 T_2 管导通(T_3 管截止),有电流通过负载 R_L,同时向电容 C_0 充电;在 u_i 的正半周,T_3 导

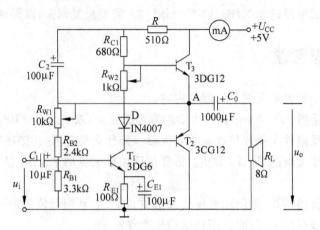

图 2.1.8-1   OTL 功率放大器实验电路

通（T_2 截止），已充好电的电容器 C_0 起电源作用，通过负载 R_L 放电，这样在 R_L 上就得到完整的正弦波。

C_2 和 R 构成自举电路，用于提高输出电压正半周的幅度，以得到大的动态范围。

OTL 电路的主要性能指标如下。

1. 最大不失真输出功率 P_{om}

理想情况下，$P_{om} = \dfrac{1}{8} \dfrac{U_{CC}^2}{R_L}$，在实验中可通过测量 R_L 两端的电压有效值，来求得实际的

$P_{om} = \dfrac{U_{om}^2}{R_L}$。

2. 效率 η

设直流电源供给的平均功率为 P_E，则 $\eta = \dfrac{P_{om}}{P_E} \times 100\%$。

理想情况下，$\eta_{max} = 78.5\%$。在实验中，可测量电源供给的平均电流 I_{dc}，从而求得 $P_E = U_{CC} \cdot I_{dc}$。负载上的交流功率已用上述方法求出，因而也就可以计算实际效率了。

3. 频率响应

详见实验三有关部分内容。

4. 输入灵敏度

输入灵敏度是指输出最大不失真功率时，输入信号 U_i 之值。

三、 实验设备与元器件

1. ＋5V 直流电源，函数信号发生器，双踪示波器，频率计。
2. 交流毫伏表，直流电压表，直流毫安表。

3. 晶体三极管 3DG6(9011)、3DG12(9013)、3CG12(9012),晶体二极管 IN4007,8Ω 扬声器、电阻器、电容器若干。

四、 实验内容

1. 静态工作点的测量

按图 2.1.8-1 连接实验电路,先将输入信号旋钮旋至零(u_i＝0),电源进线中串入直流毫安表,电位器 R_{W2} 置于最小值,R_{W1} 置于中间位置。接通＋5V 电源,观察毫安表,同时用手触摸输出级晶体管,若毫安表指示电流过大,或晶体管温升显著,应立即断开电源检查原因(如 R_{W2} 开路、电路自激或输出管性能不好等)。如无异常现象,可开始调试。

(1) 调节输出端中点电位 U_A

调节电位器 R_{W1},用直流电压表测量 A 点电位,使 $U_A=\frac{1}{2}U_{CC}$。

(2) 调整输出极静态电流及测量各级静态工作点

调节 R_{W2},使 T_2、T_3 管的 $I_{C2}=I_{C3}=5\sim10$mA。从减小交越失真角度而言,应适当加大输出极静态电流,但该电流过大,会使效率降低,所以一般以 5～10mA 为宜。由于毫安表是串在电源进线中,因此测得的是整个放大器的电流,但一般 T_1 的集电极电流 I_{C1} 较小,从而可以把测得的总电流近似当作末级的静态电流。如要准确得到末级静态电流,则可从总电流中减去 I_{C1}。

调整输出级静态电流的另一方法是动态调试法。先使 $R_{W2}=0$,在输入端接入 $f=$ 1kHz 的正弦信号 u_i。逐渐加大输入信号的幅值,此时,输出波形应出现较严重的交越失真(注意:没有饱和失真和截止失真),然后缓慢增大 R_{W2},当交越失真恰好消失时,停止调节 R_{W2},恢复 $u_i=0$,此时直流毫安表读数即为输出级静态电流。一般其数值也应为 5～ 10mA,如测得电流过大,则要检查电路。

输出极电流调好以后,测量各级静态工作点,记入表 2.1.8-1。

表 2.1.8-1　静态工作点的测试数据($I_{C2}=I_{C3}=$　　mA,$U_A=2.5$V)

	T_1	T_2	T_3
U_B/V			
U_C/V			
U_E/V			

2. 最大输出功率 P_{om} 和效率 η 的测量

(1) 测量 P_{om}

输入端接 $f=1$kHz 的正弦信号 u_i,用示波器观察输出电压 u_o 波形。逐渐增大 u_i,使输出电压达到最大不失真输出,用交流毫伏表测出负载 R_L 上的电压 U_{om},则 $P_{om}=\dfrac{U_{om}^2}{R_L}$。

（2）测量 η

当输出电压为最大不失真输出时，读出直流毫安表中的电流值，此电流即为直流电源供给的平均电流 I_{dc}（有一定误差），由此可近似求得 $P_E = U_{CC} I_{dc}$，再根据上面测得的 P_{om}，即可求出 $\eta = \dfrac{P_{om}}{P_E} \times 100\%$。

3. 输入灵敏度测量

根据输入灵敏度的定义，只要测出输出功率 $P_o = P_{om}$ 时的输入电压值 U_i 即可。

4. 频率响应的测量

测量方法见单级放大电路，将数据记入表 2.1.8-2。

表 2.1.8-2　频率响应的测量数据（$U_i =$　　 mV）

			f_L			f_0	f_H		
f/Hz						1000			
U_o/V									
A_V									

在测试时，为保证电路的安全，应在较低电压下进行，通常取输入信号为输入灵敏度的 50%。在整个测试过程中，应保持 U_i 为恒定值，且输出波形不得失真。

5. 研究自举电路的作用

（1）当 $P_o = P_{omax}$ 时，测量有自举电路的电压增益。

（2）当 $P_o = P_{omax}$ 时，测量有无举电路（C_2 开路，R 短路）时的电压增益 A_V。

用示波器观察（1）、（2）两种情况下的输出电压波形，并将以上两项测量结果进行比较，分析研究自举电路的作用。

6. 噪声电压的测量

测量时将输入端短路（$u_i = 0$），观察输出噪声波形，并用交流毫伏表测量输出电压，即为噪声电压 U_N。本电路若 $U_N < 15\text{mV}$，即满足要求。

7. 试听

输入信号改为录音机输出，输出端接试听音箱及示波器。开机试听，并观察语言和音乐信号的输出波形。

五、实验注意事项

1. 静态工作点测量时，调整 R_{W2} 要注意旋转方向，不要调得过大，更不能开路，以免损坏输出管；调好后，如无特殊情况不得随意旋动 R_{W2} 的位置。

2. 在整个测试过程中,电路不应有自激现象。

六、 预习与思考题

1. 复习有关 OTL 工作原理部分内容。

2. 为什么引入自举电路能够扩大输出电压的动态范围?

3. 交越失真产生的原因是什么? 怎样克服交越失真?

4. 如果电位器 R_{w2} 开路或短路,将对电路工作有何影响?

5. 为了不损坏输出管,调试中应注意什么问题?

6. 如电路有自激现象,应如何消除?

七、 实验报告要求

1. 整理实验数据,计算静态工作点、最大不失真输出功率 P_{om}、效率 η 等,并与理论值进行比较。画出频率响应曲线。

2. 分析自举电路的作用。

3. 讨论实验中发生的问题及解决办法。

实验九　有源滤波器

一、 实验目的

1. 熟悉用运放、电阻和电容组成有源低通滤波、高通滤波和带通、带阻滤波器。

2. 学会测量有源滤波器的幅频特性。

二、 实验原理

由 RC 元件与运算放大器组成的滤波器称为 RC 有源滤波器,其功能是让一定频率范围内的信号通过,抑制或急剧衰减此频率范围以外的信号。它可用于信息处理、数据传输、抑制干扰等,但因受运算放大器频带限制,这类滤波器主要用于低频范围。根据对频率范围的选择不同,可分为低通(LPF)、高通(HPF)、带通(BPF)与带阻(BEF)等四种滤波器,它们的幅频特性如图 2.1.9-1 所示。

任何高阶滤波器均可以用较低的二阶 RC 有源滤波器级联实现。本实验仅对二阶有源低通、高通滤波器进行研究。

1. 低通滤波器(LPF)

低通滤波器可以通过低频信号,衰减或抑制高频信号。典型的二阶有源低通滤波器如图 2.1.9-2(a)所示,它由两级 RC 滤波环节与同相比例运算电路组成,其中第一级电容 C 接

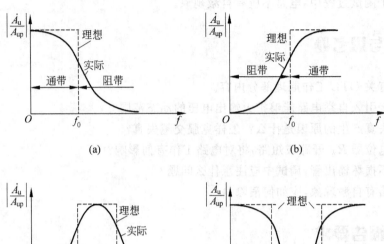

图 2.1.9-1　四种滤波电路的幅频特性示意图

（a）低通；（b）高通；（c）带通；（d）带阻

至输出端，引入适量的正反馈，以改善幅频特性。图 2.1.9-2（b）为二阶低通滤波器幅频特性曲线。主要的电路性能参数有：

$$A_{up} = 1 + \frac{R_f}{R_1}$$——二阶低通滤波器的通带增益；

$$f_0 = \frac{1}{2\pi RC}$$——二阶低通滤波器的截止频率，是低通滤波器通带与阻带的界限频率；

$$Q = \frac{1}{3 - A_{up}}$$——二阶低通滤波器的品质因数，其大小影响低通滤波器在截止频率处幅频特性的形状。

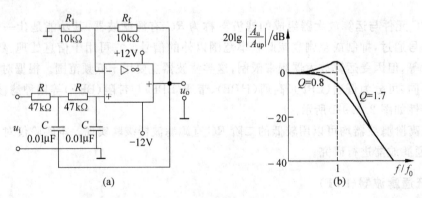

图 2.1.9-2　二阶低通滤波器

（a）电路图；（b）频率特性

2. 高通滤波器（HPF）

与低通滤波器相反,高通滤波器用来通过高频信号,衰减或抑制低频信号。

只要将图 2.1.9-2 所示低通滤波电路中起滤波作用的电阻、电容互换,即可变成二阶有源高通滤波器,如图 2.1.9-3(a)所示。高通滤波器性能与低通滤波器相反,其频率响应和低通滤波器为"镜像"关系,仿照 LPH 的分析方法,不难求得 HPF 的幅频特性。

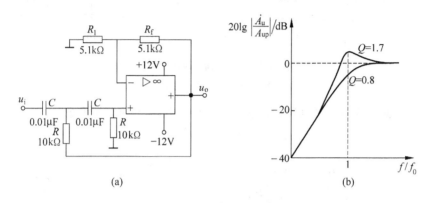

图 2.1.9-3　二阶高通滤波器

(a) 电路图；(b) 幅频特性

电路性能参数 A_{up}、f_0、Q 各量的含义同二阶低通滤波器。

图 2.1.9-3(b)所示为二阶高通滤波器的幅频特性曲线,可见,它与二阶低通滤波器的幅频特性曲线为"镜像"关系。

3. 带通滤波器（BPF）

带通滤波器的作用是只允许在某频率范围（通频带）的信号通过,而将通频带以外频率范围的信号均加以衰减或抑制。

典型的带通滤波器可以从二阶低通滤波器中将其中一级改成高通而成,如图 2.1.9-4(a)所示。主要的电路性能参数有：

$$A_{up}=\frac{R_4+R_f}{R_4 R_1 CB}$$——二阶带通滤波器的通带增益；

$$f_0=\frac{1}{2\pi}\sqrt{\frac{1}{R_2 C^2}\left(\frac{1}{R_1}+\frac{1}{R_3}\right)}$$——二阶带通滤波器的中心频率；

$$B=\frac{1}{C}\left(\frac{1}{R_1}+\frac{2}{R_2}-\frac{R_f}{R_3 R_4}\right)$$——二阶带通滤波器的通带宽度；

$$Q=\frac{\omega_0}{B}$$——二阶带通滤波器的品质因数。

该电路的优点是改变 R_f 和 R_4 的比例就可改变频宽而不影响中心频率。

4. 带阻滤波器（BEF）

如图 2.1.9-5(a)所示,带阻滤波器的性能与带通滤波器相反,即在规定的频带内,信号

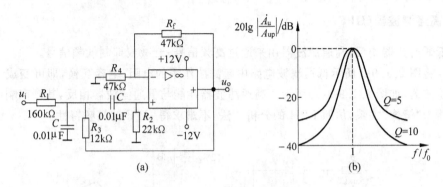

图 2.1.9-4　二阶带通滤波器

(a) 电路图；(b) 幅频特性

不能通过(或受到很大衰减或抑制)，而在其余频率范围，信号则能顺利通过。

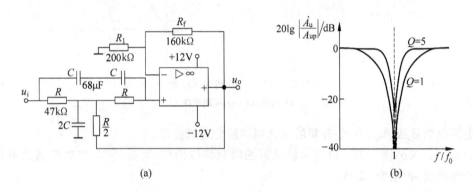

图 2.1.9-5　二阶带阻滤波器

(a) 电路图；(b) 频率特性

在双 T 网络后加一级同相比例运算电路就构成了基本的二阶有源 BEF。其主要电路性能参数有：

$A_{up} = 1 + \dfrac{R_f}{R_1}$——二阶带阻滤波器的通带增益；

$f_0 = \dfrac{1}{2\pi RC}$——二阶带阻滤波器的中心频率；

$B = 2(2 - A_{up}) f_0$——二阶带阻滤波器的带阻宽度；

$Q = \dfrac{1}{2(2 - A_{up})}$——二阶带阻滤波器的品质因数。

三、　实验设备与元器件

1. ±12V 直流电源，双踪示波器，函数信号发生器，频率计。

2. 交流毫伏表。

3. μA741 运放实验板。

四、 实验内容

1. 二阶低通滤波器

实验电路如图 2.1.9-2(a)所示。

（1）粗测：接通 ±12V 电源。u_i 接函数信号发生器，令其输出为 $U_i=1V$ 的正弦波信号，在滤波器截止频率附近改变输入信号频率，用示波器或交流毫伏表观察输出电压幅度的变化是否具备低通特性，如不具备，应排除电路故障。

（2）在输出波形不失真的条件下，选取适当幅度的正弦输入信号，在维持输入信号幅度不变的情况下，逐点改变输入信号频率。测量输出电压，记入表 2.1.9-1 中，描绘频率特性曲线。

2. 二阶高通滤波器

实验电路如图 2.1.9-3(a)所示。

（1）粗测：输入 $U_i=1V$ 的正弦波信号，在滤波器截止频率附近改变输入信号频率，观察电路是否具备高通特性。

（2）以实测中心频率为中心，测绘电路的幅频特性，记入表 2.1.9-2。

表 2.1.9-1　测绘二阶低通滤波器的幅频特性数据

f/Hz	10	70	339
U_o/V			

表 2.1.9-2　测绘高通滤波器的幅频特性数据

f/kHz	1.6
U_o/V	

*3. 带通滤波器

实验电路如图 2.1.9-4(a)所示。
（1）实测电路的中心频率 f_0。
（2）以实测中心频率为中心，测绘电路的幅频特性，记入表 2.1.9-3。

*4. 带阻滤波器

实验电路如图 2.1.9-5(a)所示。
（1）实测电路的中心频率 f_0。
（2）以实测中心频率为中心，测绘电路的幅频特性，记入表 2.1.9-4。

表 2.1.9-3　测绘带通滤波器的幅频特性数据

f/Hz	f_0
U_o/V	

表 2.1.9-4　测绘带阻滤波器的幅频特性数据

f/Hz	f_0
U_o/V	

五、 实验注意事项

幅频特性测试中应注意：在改变输入信号的频率时，应始终保持其有效值不变。

六、 预习与思考题

1. 复习教材有关滤波器内容,分析图 2.1.9-2 和图 2.1.9-3 所示电路,写出它们的增益特性表达式,计算图 2.1.9-2 和图 2.1.9-3 的截止频率。

2. 某同学在调试图 2.1.9-2 所示电路时,输入频率为 1kHz 的信号,发现输出电压远低于输入电压,他认为电路存在故障,此结论是否正确?

3. 高通滤波器的幅频特性,为什么在频率很高时,其电压增益会随频率升高而下降?

4. 怎样用简便方法判断滤波电路属于哪种类型(低通、高通、带通、带阻)?

七、 实验报告要求

1. 整理实验数据,画出各电路实测的幅频特性。

2. 根据实验曲线,计算截止频率、中心频率、带宽及品质因数。

3. 总结有源滤波电路的特性。

实验十 波形发生器

一、 实验目的

1. 学习用集成运放构成正弦波、方波和三角波发生器。

2. 学习波形发生器的调整和主要性能指标的测试方法。

二、 实验原理

由集成运放构成的正弦波、方波和三角波发生器有多种形式,本实验选用最常用的、线路比较简单的几种电路加以分析。

1. RC 桥式正弦波振荡器(文氏电桥振荡器)

图 2.1.10-1 为 RC 桥式正弦波振荡器。其中 RC 串、并联电路构成正反馈支路,同时兼作选频网络,R_1、R_2、R_w 及二极管等元件构成负反馈和稳幅环节。调节电位器 R_w,可以改变负反馈深度,以满足振荡的振幅条件和改善波形。利用两个反向并联二极管 D_1、D_2 正向电阻的非线性特性来实现稳幅。D_1、D_2 采用硅管(温度稳定性好),且要求特性匹配,才能保证输出波形正、负半周对称。R_3 的接入是为了削弱二极管非线性的影响,以改善波形失真。

电路的振荡频率:$f_0 = \dfrac{1}{2\pi RC}$

起振的幅值条件:$\dfrac{R_f}{R_1} \geqslant 2$

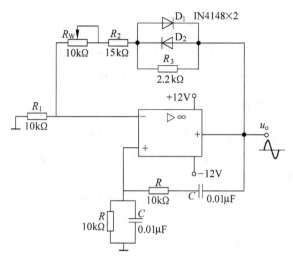

图 2.1.10-1　RC 桥式正弦波振荡器

式中,$R_f = R_w + R_2 + (R_3 /\!/ r_D)$,$r_D$ 为二极管正向导通电阻。

调整反馈电阻 R_f(调 R_w),使电路起振,且波形失真最小。如不能起振,则说明负反馈太强,应适当加大 R_f。如波形失真严重,则应适当减小 R_f。改变选频网络的参数 C 或 R,即可调节振荡频率。一般采用改变电容 C 作频率量程切换,而调节 R 作量程内的频率细调。

2. 方波发生器

由集成运放构成的方波发生器和三角波发生器,一般均包括比较器和 RC 积分器两大部分。图 2.1.10-2 所示为由滞回比较器及简单 RC 积分电路组成的方波-三角波发生器。它的特点是电路简单,但三角波的线性度较差。主要用于产生方波,或对三角波要求不高的场合。

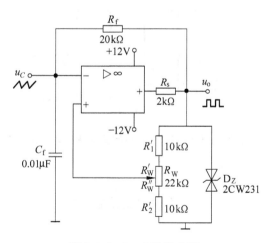

图 2.1.10-2　方波发生器

电路振荡频率

$$f_0 = \frac{1}{2R_f C_f \ln\left(1 + \dfrac{2R_2}{R_1}\right)}$$

式中,$R_1 = R_1' + R_w'$,$R_2 = R_2' + R_w''$,方波输出幅值 $U_{om} = \pm U_z$,三角波输出幅值 $U_{cm} = \dfrac{R_2}{R_1 + R_2} U_z$。

调节电位器 R_w(即改变 R_2/R_1),可以改变振荡频率,但三角波的幅值也随之变化。如要互不影响,则可通过改变 R_f(或 C_f)来实现振荡频率的调节。

3. 三角波和方波发生器

如把滞回比较器和积分器首尾相接形成正反馈闭环系统,如图 2.1.10-3 所示,则比较器 A_1 输出的方波经积分器 A_2 积分可得到三角波,三角波又触发比较器自动翻转形成方波,这样即可构成三角波、方波发生器。图 2.1.10-4 所示为方波、三角波发生器输出波形图。由于采用运放组成的积分电路,因此可实现恒流充电,使三角波线性大大改善。

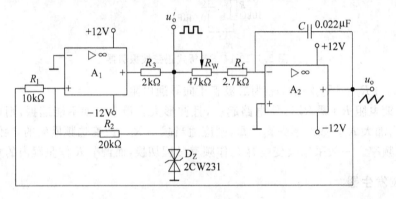

图 2.1.10-3   三角波、方波发生器

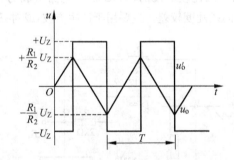

图 2.1.10-4   方波、三角波发生器输出波形图

电路振荡频率

$$f_0 = \frac{R_2}{4R_1(R_f + R_w)C_f}$$

方波幅值

$$U'_{om} = \pm U_z$$

三角波幅值

$$U_{om} = \frac{R_1}{R_2} U_z$$

调节 R_W 可以改变振荡频率,改变比值 $\dfrac{R_1}{R_2}$ 可调节三角波的幅值。

三、 实验设备与元器件

1. ±12V 直流电源,双踪示波器,频率计,交流毫伏表。

2. 集成运算放大器 μA741×2,二极管 IN4148×2,稳压管 2CW231×1,电阻器、电容器若干。

四、 实验内容

1. RC 桥式正弦波振荡器

按图 2.1.10-1 连接实验电路。

(1) 接通 ±12V 电源,调节电位器 R_W,使输出波形从无到有,从正弦波到出现失真。描绘 u_o 的波形,记下临界起振、正弦波输出及失真情况下的 R_W 值,分析负反馈强弱对起振条件及输出波形的影响。

(2) 调节电位器 R_W,使输出电压 u_o 幅值最大且不失真,用交流毫伏表分别测量输出电压 U_o、反馈电压 $U+$ 和 $U-$,分析研究振荡的幅值条件。

(3) 用示波器或频率计测量振荡频率 f_0,然后再选频网络的两个电阻。

R 上并联同一阻值电阻,观察记录振荡频率的变化情况,并与理论值进行比较。

(4) 断开二极管 D_1、D_2,重复(2)的内容,将测试结果与(2)进行比较,分析 D_1、D_2 的稳幅作用。

2. 方波发生器

按图 2.1.10-2 连接实验电路。

(1) 将电位器 R_W 调至中心位置,用双踪示波器观察并描绘方波 u_o 及三角波 u_C 的波形(注意对应关系),测量其幅值及频率,记录之。

(2) 改变 R_W 动点的位置,观察 u_o、u_C 幅值及频率变化情况。把动点调至最上端和最下端,测出频率范围,记录之。

(3) 将 R_W 恢复至中心位置,将一只稳压管短接,观察 u_o 波形,分析 D_Z 的限幅作用。

3. 三角波和方波发生器

按图 2.1.10-3 连接实验电路。

(1) 将电位器 R_W 调至合适位置,用双踪示波器观察并描绘三角波输出 u_o 及方波输出 u_o',测其幅值、频率及 R_W 值,记录之。

(2) 改变 R_W 的位置,观察对 u_o 波形、幅值及频率的影响。

(3) 改变 R_1(或 R_2),观察对 u_o 波形、幅值及频率的影响。

五、 实验注意事项

1. 实验过程严格按要求步骤操作。
2. 对每一步操作变化要求做记录。

六、 预习与思考题

1. 复习相关 RC 正弦波振荡器、三角波及方波发生器的工作原理,估算图 2.1.10-1、图 2.1.10-2、图 2.1.10-3 电路的振荡频率,并设计实验表格。

2. 为什么在 RC 正弦波振荡电路中要引入负反馈支路?为什么要增加二极管 D_1 和 D_2? 它们是怎样稳幅的?

3. 电路参数变化对图 2.1.10-2、图 2.1.10-3 产生的方波和三角波频率及电压幅值有什么影响?

七、 实验报告要求

1. 正弦波发生器

(1) 列表整理实验数据,画出波形,把实测频率与理论值进行比较;
(2) 根据实验分析 RC 振荡器的振幅条件;
(3) 讨论二极管 D_1、D_2 的稳幅作用。

2. 方波发生器

(1) 列表整理实验数据,在同一坐标纸上,按比例画出方波和三角波的波形图(标出时间和电压幅值)。
(2) 分析 R_w 变化时,对 u。波形的幅值及频率的影响。
(3) 讨论 D_z 的限幅作用。

3. 三角波和方波发生器

(1) 整理实验数据,把实测频率与理论值进行比较。
(2) 在同一坐标纸上,按比例画出三角波及方波的波形,并标明时间和电压幅值。
(3) 分析电路参数变化(R_1、R_2 和 R_w)对输出波形频率及幅值的影响。

模拟电子电路综合性设计性实验

实验一　集成运算放大器指标测试

一、实验目的

1. 掌握运算放大器主要指标的测试方法。

2. 通过对运算放大器 μA741 指标的测试，了解集成运算放大器组件主要参数的意义和表示方法。

二、实验原理

集成运算放大器是一种线性集成电路，和其他半导体器件一样，它是用一些性能指标来衡量其质量的优劣。为了正确使用集成运放，就必须了解它的主要参数指标。集成运放组件的各项指标通常是由专用仪器进行测试的，这里介绍的是一种简易测试方法。

本实验采用的集成运放型号为 μA741(或 F007)，其引脚排列如图 2.2.1-1 所示。它是八脚双列直插式组件，2 脚和 3 脚为反相和同相输入端，6 脚为输出端，7 脚和 4 脚为正、负电源端，1 脚和 5 脚为失调调零端，1、5 脚之间可接入一只几十千欧的电位器并将滑动触头接到负电源端。8 脚为空脚。

1. μA741 主要指标测试

（1）输入失调电压 U_{0S}

对于实际的集成运放，零输入时输出不为零的现象称为集成运放的失调。

输入失调电压 U_{0S} 是指输入信号为零时，输出端出现的电压折算到同相输入端的数值。

失调电压测试电路如图 2.2.1-2 所示。闭合开关 S_1 及 S_2，使电阻 R_B 短接，测量此时的输出电压 U_{o1} 即为输出失调电压，即

$$U_{0S} = \frac{R_1}{R_1 + R_F} U_{o1}$$

实际测出的 U_{o1} 可能为正，也可能为负，一般在 $1 \sim 5\text{mV}$，对于高质量的运放 U_{0S} 在 1mV 以下。

测试中应注意：

① 将运放调零端开路；

② 要求电阻 R_1 和 R_2、R_3 和 R_F 的参数严格对称。

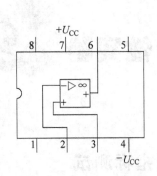

图 2.2.1-1 μA741 管脚图

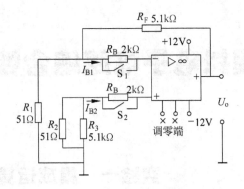

图 2.2.1-2 U_{0S}、I_{0S} 测试电路

（2）输入失调电流 I_{0S}

输入失调电流 I_{0S} 是指当输入信号为零时，运放的两个输入端的基极偏置电流之差：

$$I_{0S} = |I_{B1} - I_{B2}|$$

输入失调电流的大小反映了运放内部差动输入级两个晶体管 β 的失配度，由于 I_{B1}、I_{B2} 本身的数值已很小（微安级），因此它们的差值通常不是直接测量的，测试电路如图 2.2.1-2 所示，测试分两步进行。

① 闭合开关 S_1 及 S_2，在低输入电阻下，测出输出电压 U_{o1}。如前所述，这是由输入失调电压 U_{0S} 所引起的输出电压。

② 断开 S_1 及 S_2，两个输入电阻 R_B 接入，由于 R_B 阻值较大，流经它们的输入电流的差异，将变成输入电压的差异，因此，也会影响输出电压的大小。可见测出两个电阻 R_B 接入时的输出电压 U_{o2}，若从中扣除输入失调电压 U_{0S} 的影响，则输入失调电流 I_{0S} 为

$$I_{0S} = |I_{B1} - I_{B2}| = |U_{o2} - U_{o1}| \frac{R_1}{R_1 + R_F} \frac{1}{R_B}$$

一般，I_{0S} 为几十～几百 nA（10^{-9} A），高质量运放的 I_{0S} 低于 1nA。

测试中应注意：

① 将运放调零端开路。

② 两输入端电阻 R_B 必须精确配对。

（3）开环差模放大倍数 A_{ud}

集成运放在没有外部反馈时的直流差模放大倍数称为开环差模电压放大倍数，用 A_{ud} 表示。它定义为开环输出电压 U_o 与两个差分输入端之间所加信号电压 U_{id} 之比，即

$$A_{ud} = \frac{U_o}{U_{id}}$$

按定义 A_{ud} 应是信号频率为零时的直流放大倍数，但为了测试方便，通常采用低频（几十赫以下）正弦交流信号进行测量。由于集成运放的开环电压放大倍数很高，难以直接进行测量，故一般采用闭环测量方法。A_{ud} 的测试方法很多，现采用交、直流同时闭环的测试方法，如图 2.2.1-3 所示。

被测运放一方面通过 R_F、R_1、R_2 完成直流闭环，以抑制输出电压漂移，另一方面通过 R_F 和 R_S 实现交流闭环。外加信号 u_S 经 R_1、R_2 分压，使 u_{id} 足够小，以保证运放工作在线性区。同相输入端电阻 R_3 应与反相输入端电阻 R_2 相匹配，以减小输入偏置电流的影响。电

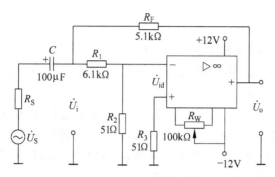

图 2.2.1-3　A_{ud} 测试电路

容 C 为隔直电容,被测运放的开环电压放大倍数为

$$A_{ud} = \frac{U_o}{U_{id}} = \left(1 + \frac{R_1}{R_2}\right)\frac{U_o}{U_i}$$

通常低增益运放的 A_{ud} 为 $60\sim70\mathrm{dB}$,中增益运放约为 $80\mathrm{dB}$,高增益运放在 $100\mathrm{dB}$ 以上,可达 $120\sim140\mathrm{dB}$。

测试中应注意:

① 测试前电路应首先消振及调零;

② 被测运放要工作在线性区;

③ 输入信号频率一般用 $50\sim100\mathrm{Hz}$,输出信号无明显失真。

(4) 共模抑制比 CMRR

集成运放的差模电压放大倍数 A_d 与共模电压放大倍数 A_c 之比称为共模抑制比,即

$$\mathrm{CMRR} = \left|\frac{A_d}{A_c}\right| \quad \text{或} \quad \mathrm{CMRR} = 20\lg\left|\frac{A_d}{A_c}\right| \quad (\mathrm{dB})$$

共模抑制比是一个很重要的参数。理想运放在输入为共模信号时的输出为零。但在实际的集成运放中,其输出不可能没有共模信号的成分。输出端共模信号愈小,说明电路对称性愈好,也就是说运放对共模干扰信号的抑制能力愈强,即 CMRR 愈大。CMRR 的测试电路如图 2.2.1-4 所示。

集成运放工作在闭环状态下的差模电压放大倍数为

$$A_d = -\frac{R_F}{R_1}$$

当接入共模输入信号 U_{ic} 时,测得 U_{oc},则共模电压放大倍数为

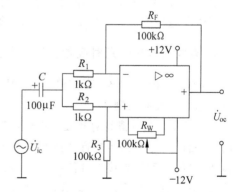

图 2.2.1-4　CMRR 测试电路

$$A_c = \frac{U_{oc}}{U_{ic}}$$

得共模抑制比

$$\mathrm{CMRR} = \left|\frac{A_d}{A_c}\right| = \frac{R_F}{R_1}\frac{U_{ic}}{U_{oc}}$$

测试中应注意:

① 消振与调零;

② R_1 与 R_2、R_3 与 R_F 之间阻值严格对称;

③ 输入信号 U_{ic} 幅度必须小于集成运放的最大共模输入电压范围 U_{icm}。

(5) 共模输入电压范围 U_{icm}

集成运放所能承受的最大共模电压称为共模输入电压范围,超出这个范围,运放的 CMRR 会大大下降,输出波形产生失真,有些运放还会出现"自锁"现象以及永久性的损坏。

U_{icm} 的测试电路如图 2.2.1-5 所示。被测运放接成电压跟随器形式,输出端接示波器,观察最大不失真输出波形,从而确定 U_{icm} 值。

(6) 输出电压最大动态范围 U_{OP-P}

集成运放的动态范围与电源电压、外接负载及信号源频率有关。测试电路如图 2.2.1-6 所示。

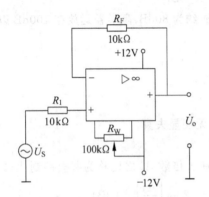

图 2.2.1-5 U_{icm} 测试电路

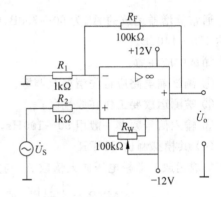

图 2.2.1-6 U_{OP-P} 测试电路

改变 u_S 幅度,观察 u_o 的削顶失真开始时刻,从而确定 u_o 的不失真范围,这就是运放在某一定电源电压下可能输出的电压峰-峰值 U_{OP-P}。

2. 集成运放在使用时应考虑的一些问题

(1) 输入信号选用交、直流量均可,但在选取信号的频率和幅度时,应考虑运放的频响特性和输出幅度的限制。

(2) 调零。为提高运算精度,在运算前应首先对直流输出电位进行调零,即保证输入为零时,输出也为零。当运放有外接调零端子时,可按组件要求接入调零电位器 R_W,调零时,将输入端接地,调零端接入电位器 R_W,用直流电压表测量输出电压 U_o,细心调节 R_W,使 U_o 为零(即失调电压为零)。当运放没有调零端子时,若要调零,可按图 2.2.1-7 所示电路进行调零。

(3) 消振。一个集成运放自激时,表现为即使输入信号为零,亦会有输出,使各种运算功能无法实现,严重时还会损坏器件。在实验中,可用示波器监视输出波形。为消除运放的自激,常采用如下措施:

① 若运放有相位补偿端子,可利用外接 RC 补偿电路,产品手册中有补偿电路及元件参数;

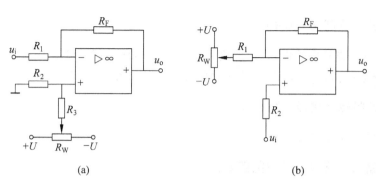

图 2.2.1-7　调零电路

② 电路布线,元、器件布局应尽量减少分布电容;

③ 在正、负电源进线与地之间并联几十微法的电解电容和 $0.01\sim0.1\mu F$ 的陶瓷电容以减小电源引线的影响。

三、　实验设备与元器件

1. $\pm12V$ 直流电源,函数信号发生器,双踪示波器。
2. 交流毫伏表,直流电压表。
3. 集成运算放大器 $\mu A741\times1$,电阻器、电容器若干。

四、　实验内容

1. 测量输入失调电压 U_{0S}

按图 2.2.1-2 连接实验电路,闭合开关 S_1、S_2,用直流电压表测量输出端电压 U_{o1},并计算 U_{0S},记入表 2.2.1-1。

2. 测量输入失调电流 I_{0S}

实验电路如图 2.2.1-2 所示,打开开关 S_1、S_2,用直流电压表测量 U_{o2},并计算 I_{0S},记入表 2.2.1-1。

表 2.2.1-1　测量输入失调电流测试数据

U_{0S}/mV		I_{0S}/nA		A_{ud}/dB		CMRR/dB	
实测值	典型值	实测值	典型值	实测值	典型值	实测值	典型值
	$2\sim10$		$50\sim100$		$100\sim106$		$80\sim86$

3. 测量开环差模电压放大倍数 A_{ud}

按图 2.2.1-3 连接实验电路,运放输入端加频率 $100Hz$,大小为 $30\sim50mV$ 的正弦信号,用示波器监视输出波形。用交流毫伏表测量 U_o 和 U_i,并计算 A_{ud},记入表 2.2.1-1。

4. 测量共模抑制比 CMRR

按图 2.2.1-4 连接实验电路,运放输入端加 $f=100\,\mathrm{Hz}$,$U_{ic}=1\sim2\mathrm{V}$ 的正弦信号,监视输出波形。测量 U_{oc} 和 U_{ic},计算 A_c 及 CMRR,记入表 2.2.1-1。

5. 测量共模输入电压范围 U_{icm}

实验步骤及方法自拟。

6. 测量输出电压最大动态范围 U_{OP-P}

实验步骤及方法自拟。

五、 实验注意事项

1. 实验前看清运放管脚排列及电源电压极性及数值,切忌正、负电源接反。
2. 集成运放如不能调零,大致有如下原因:①组件正常,接线有错误。②组件正常,但负反馈不够强(R_F/R_1 太大),为此可将 R_F 短路,观察是否能调零。③组件正常,但由于它所允许的共模输入电压太低,可能出现自锁现象,因而不能调零。将电源断开后再重新接通,如能恢复正常,则属于这种情况。④组件正常,但电路有自激现象,应进行消振。⑤组件内部损坏,应更换。

六、 预习与思考题

1. 查阅 $\mu A741$ 的典型指标数据及管脚功能。
2. 测量输入失调参数时,为什么运放反相及同相输入端的电阻要精选,以保证严格对称?
3. 测量输入失调参数时,为什么要将运放调零端开路,而在进行其他测试时,则要求对输出电压进行调零?
4. 测试信号的频率选取的原则是什么?

七、 实验报告要求

1. 将所测得的数据与典型值进行比较。
2. 对实验结果及实验中碰到的问题进行分析、讨论。

实验二 电压比较器

一、 实验目的

1. 掌握电压比较器的电路构成及特点。
2. 学会测试比较器的方法。

二、 实验原理

电压比较器是集成运放非线性应用电路,它将一个模拟量电压信号和一个参考电压相比较,在二者幅度相等时,输出电压将产生跃变,相应输出高电平或低电平。比较器可以组成非正弦波形变换电路及应用于模拟与数字信号转换等领域。

图 2.2.2-1(a)所示为一最简单的电压比较器,其中 U_R 为参考电压,加在运放的同相输入端,输入电压 u_i 加在反相输入端。

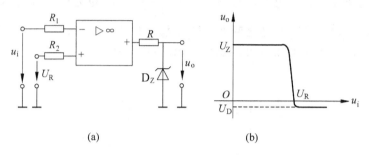

图 2.2.2-1 电压比较器
(a) 电路图;(b) 传输特性

当 $u_i < U_R$ 时,运放输出高电平,输出端电位被箝位在稳压管的稳定电压 U_Z,即 $u_o = U_Z$。当 $u_i > U_R$ 时,运放输出低电平,输出电压等于稳压管的正向压降 U_D,即 $u_o = -U_D$。因此,以 U_R 为界,当输入电压 u_i 变化时,输出端反映出两种状态:高电位和低电位。表示输出电压与输入电压之间关系的特性曲线称为传输特性,如图 2.2.2-1(b)所示。

常用的电压比较器有过零比较器、具有滞回特性的过零比较器、双限比较器(又称窗口比较器)等。

1. 过零比较器

如图 2.2.2-2(a)所示为加限幅电路的过零比较器电路图,D_Z 为限幅稳压管。信号从运放的反相输入端输入,参考电压为零,接同相端。当 $U_i > 0$ 时,输出 $U_o = -(U_Z + U_D)$,当 $U_i < 0$ 时,$U_o = U_Z + U_D$。其电压传输特性如图 2.2.2-2(b)所示。

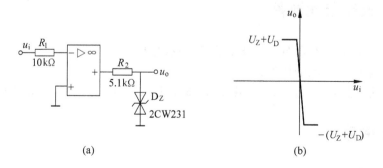

图 2.2.2-2 过零比较器
(a) 电路图;(b) 电压传输特性

过零比较器结构简单,灵敏度高,但抗干扰能力差。

2. 滞回比较器

过零比较器在实际工作时,如果 u_i 恰好在过零值附近,则由于零点漂移的存在,u_o 将不断由一个极限值转换到另一个极限值,这在控制系统中,对执行机构将是很不利的。为此,希望输出特性具有滞回现象。图 2.2.2-3(a)所示为具有滞回特性的过零比较器。从输出端引一个电阻分压正反馈支路到同相输入端,若 u_o 改变状态,Σ 点电位也随之改变,使过零点离开原来位置。当 u_o 为正(记作 U_+),则 $U_\Sigma = \dfrac{R_2}{R_f + R_2} U_+$ 也为正,当 $u_i > U_\Sigma$ 后,u_o 即由正变负(记作 U_-),此时 U_Σ 也随之变为 $-U_\Sigma$。故只有当 u_i 下降到 $-U_\Sigma$ 以下后,才能使 u_o 再度回升到 U_+,于是出现图 2.2.2-3(b)中所示的滞回特性。

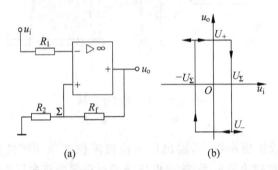

图 2.2.2-3　滞回比较器
(a)电路图;(b)传输特性

$-U_\Sigma$ 与 U_Σ 的差别称为回差,改变 R_2 的数值就可以改变回差的大小。

3. 窗口(双限)比较器

简单的比较器仅能鉴别输入电压 u 比参考电压 U_R 高或低的情况。窗口比较电路是由两个简单比较器组成,如图 2.2.2-4 所示,它能指示出 u_i 值是否处于 U_R^+ 和 U_R^- 之间。如 $U_R^- < U_i < U_R^+$,窗口比较器的输出电压 U_o 等于运放的正饱和输出电压($+U_{omax}$),如果 $U_i < U_R^-$ 或 $U_i > U_R^+$,则输出电压 U_o 等于运放的负饱和输出电压($-U_{omax}$)。

三、 实验设备与元器件

1. ±12V 直流电源,函数信号发生器,双踪示波器。
2. 直流电压表,交流毫伏表。
3. 运算放大器 μA741×2,稳压管 2CW231×1,二极管 4148×2,电阻器等。

四、 实验内容

1. 过零比较器

实验电路如图 2.2.2-2 所示。

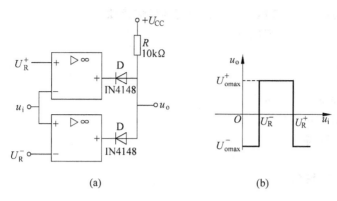

图 2.2.2-4 由两个简单比较器组成的窗口比较器

(a) 电路图；(b) 传输特性

(1) 接通±12V 电源。

(2) 测量 u_i 悬空时的 U_o 值。

(3) u_i 端输入频率为 500Hz、幅值为 2V 的正弦信号,观察 $u_i \rightarrow u_o$ 的波形并记录。

(4) 在 u_i 端,按表 2.2.2-1 输入直流电压信号,测量输出电压 U_o,由表 2.2.2-1 中的数据画出比较器的电压传输特性曲线。

表 2.2.2-1 过零比较器电压传输特性测试

U_i/mV	−2000	−40	−30	−20	−10	0	10	20	30	40	2000
U_o/mV											

2. 反相滞回比较器

实验电路如图 2.2.2-5 所示。

(1) 按图接线,u_i 接+5V 可调直流电源,测出 u_o 由 $U_{omax} \rightarrow -U_{omax}$ 时 u_i 的临界值。

(2) 同上,测出 u_o 由 $-U_{omax} \rightarrow +U_{omax}$ 时 u_i 的临界值。

(3) u_i 接频率 500Hz、幅值为 2V 的正弦信号,观察并记录 $u_i \rightarrow u_o$ 的波形。

(4) 将分压支路 100kΩ 电阻改为 200kΩ,重复上述实验,测定传输特性。

3. 同相滞回比较器

实验电路如图 2.2.2-6 所示。

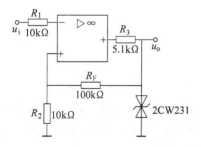

图 2.2.2-5 反相滞回比较器

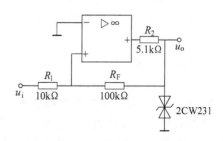

图 2.2.2-6 同相滞回比较器

（1）参照实验内容二,自拟实验方法测定其传输特性。

（2）将结果与实验二进行比较。

4. 窗口比较器

实验原理电路参照图 2.2.2-4。

（1）自拟实验步骤和表格。

（2）测定其传输特性。

五、 实验注意事项

1. 切忌集成运放的正、负电源极性接反和输出端短路,否则将会损坏集成块。几个仪器共同使用时,必需遵守"共地"连接的原则。

2. 测量直流输入信号时,要用直流电压挡的小量程,以减小运算误差。

六、 预习与思考题

1. 复习教材有关比较器的内容。

2. 画出各类比较器的传输特性曲线。

3. 若要将图 2.2.2-4 所示窗口比较器的电压传输曲线高、低电平对调,应如何改动比较器电路?

七、 实验报告要求

1. 整理实验数据,绘制各类比较器的传输特性曲线。

2. 总结几种比较器的特点,阐明它们的应用。

实验三　直流稳压电源

一、 实验目的

1. 研究单相桥式整流、电容滤波电路的特性。

2. 掌握稳压电源主要技术指标的测试方法。

二、 实验原理

电子设备一般都需要直流电源供电。这些直流电除了少数直接利用干电池和直流发电机外,大多数采用把交流电（市电）转变为直流电的直流稳压电源。直流稳压电源由电源变压器、整流电路、滤波电路和稳压电路四部分组成,如图 2.2.3-1 所示。

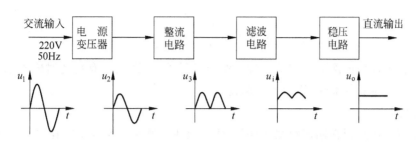

图 2.2.3-1　直流稳压电源框图

广泛使用的三端式稳压器属于集成稳压器,如 W7800、W7900 系列等。三端稳压器的输出电压是固定的,在使用中不能进行调整。图 2.2.3-2 所示为 W7800 系列稳压器的外形和接线图。

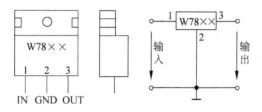

图 2.2.3-2　W7800 系列稳压器外形及接线图

图 2.2.3-3 所示为用三端式稳压器 W7812 构成的单电源电压输出串联型稳压电源的实验电路图。其中整流部分采用了由四个二极管组成的桥式整流器成品(又称桥堆),型号为 2W06,滤波电容 C_1、C_2 一般选取几百至几千微法。当稳压器距离整流滤波电路比较远时,在输入端必须接入电容器 C_3(数值为 $0.33\mu F$),以抵消线路的电感效应,防止产生自激振荡。输出端电容 C_4($0.1\mu F$)用以滤除输出端的高频信号,改善电路的暂态响应。

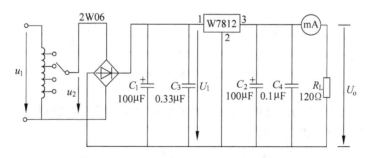

图 2.2.3-3　由 W7812 构成的串联型稳压电源

稳压电源的主要性能指标如下:
(1) 输出电压 U_o 和输出电压调节范围
(2) 最大负载电流 I_{om}
(3) 稳压系数 S(电压调整率)
稳压系数定义为:当负载保持不变时,输出电压相对变化量与输入电压相对变化量之

比,即

$$S = \frac{\Delta U_o / U_o}{\Delta U_i / U_i}\bigg|_{R_L = 常数}$$

由于工程上常把电网电压波动±10%作为极限条件,因此也有将此时输出电压的相对变化 $\Delta U_o / U_o$ 作为衡量指标,称为电压调整率。

（4）纹波电压

输出纹波电压是指在额定负载条件下,输出电压中所含交流分量的有效值（或峰值）。

三、 实验设备与元器件

1. 可调工频电源,双踪示波器。

2. 直流电压表,交流毫伏表,直流毫安表。

3. 滑线变阻器 200Ω/1A,晶体三极管 3DG6×2（或 9011×2）,3DG12×1（或 9013×1）,晶体二极管 IN4007×4,稳压管 IN4735×1,电阻器、电容器若干。

4. 三端稳压器 W7812、W7815、W7915,桥堆 2W06（或 KBP306）。

四、 实验内容

1. 整流滤波电路测试

按图 2.2.3-4 连接实验电路。取可调工频电源电压为 16V,作为整流电路输入电压 u_2。

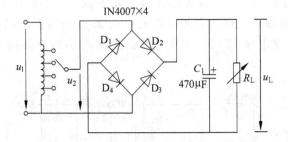

图 2.2.3-4　整流滤波电路

（1）取 $R_L = 240\Omega$,不加滤波电容,测量直流输出电压 U_L 及纹波电压 $\tilde{U}_L$,并用示波器观察 u_2 和 u_L 的波形,将结果记入表 2.2.3-1。

（2）分别取 $R_L = 240\Omega$、120Ω,$C = 470\mu F$,重复实验内容（1）的要求,将结果记入表 2.2.3-1。

2. 稳压电源性能测试

切断工频电源,在图 2.2.3-4 的基础上按图 2.2.3-3 连接实验电路。

（1）初测

接通工频 16V 电源,测量 U_2 值;测量滤波电路输出电压 U_i（稳压器输入电压）,集成稳

表 2.2.3-1　整流滤波电路测试($U_2 = 16$V)

电　路　形　式		U_L/V	$\widetilde{U}_L/V$	u_L 波形
$R_L = 240\Omega$				
$R_L = 240\Omega$ $C = 470\mu F$				
$R_L = 120\Omega$ $C = 470\mu F$				

压器输出电压 $U_。$,它们的数值应与理论值大致符合,否则说明电路出了故障,应设法查找并排除。

电路经初测进入正常工作状态后,才能进行各项指标的测试。

(2) 输出电压、电流测量

测量输出电压 $U_。$ 和最大输出电流 I_{omax},并自拟表格记录测试结果。

注:在输出端接负载电阻 $R_L = 120\Omega$,由于 7812 输出电压 $U_。= 12$V,因此理论上流过 R_L 的电流 $I_{omax} = \dfrac{12}{120} = 0.1(A) = 100(mA)$。这时 $U_。$ 应基本保持不变,若变化较大则说明集成块性能不良。

(3) 测量稳压系数 S

取 $I_。= 100$mA,按表 2.2.3-2 改变整流电路输入电压 U_2(模拟电网电压波动),分别测出相应的稳压器输入电压 U_i 及输出直流电压 $U_。$,记入表 2.2.3-2。

(4) 测量输出电阻 $R_。$

取 $U_2 = 16$V,改变滑线变阻器位置,使 $I_。$ 为空载、50mA 和 100mA,测量相应的 $U_。$ 值,记入表 2.2.3-3。

表 2.2.3-2　测量稳压系数($I_。= 100$mA)

测　试　值			计算值
U_2/V	U_i/V	$U_。/V$	S
14			$S_{12} =$ $S_{23} =$
16		12	
18			

表 2.2.3-3　测量输出电阻($U_2 = 16$V)

测　试　值		计算值
$I_。/mA$	$U_。/V$	$R_。/\Omega$
空载		$R_{o12} =$ $R_{o23} =$
50	12	
100		

(5) 测量输出纹波电压

使 $U_2 = 14$V,在输出直流电压 $U_。= 12$V、负载电流 $I_。= 100$mA 的情况下,用交流毫伏表测量输出纹波电压有效值 $\dot{U}_。$,并记录之。

五、 实验注意事项

1. 连接电路时，要注意二极管（或整流桥堆）和滤波电容的极性，不能接反。
2. 连接稳压器前，应明确引脚排列顺序。
3. 稳压器接地端（或称公共端）应可靠接地，不能悬空，否则易被烧毁。
4. 检测输出电流时对负载电阻 R_L 的阻值和功率都要估算考虑。

六、 预习与思考题

1. 复习教材中有关稳压电源部分内容。
2. 说明图 2.2.3-4 中 U_2、U_i、U_o 及 $\tilde{U}_o$ 的物理意义，并选择合适的测量仪表。
3. 在桥式整流电路实验中，能否用双踪示波器同时观察 u_2 和 u_L 的波形，为什么？
4. 在桥式整流电路中，如果某个二极管发生开路、短路或反接三种情况，将会出现什么问题？
5. 为了使稳压电源的输出电压 $U_o = 12V$（或 $U_o = 15V$），则其输入电压的最小值 U_{1min} 应等于多少？ 交流输入电压 U_{2min} 又怎样确定？
6. 当稳压电源输出不正常，应如何进行检查找出故障所在？

七、 实验报告要求

1. 对表 2.2.3-1 所测结果进行全面分析，总结桥式整流、电容滤波电路的特点。
2. 根据表 2.2.3-2 所测数据，计算稳压电路的稳压系数 S 并进行分析。
3. 分析讨论实验中出现的故障及其排除方法。

实验四　音响系统放大器设计

一、 实验目的

1. 掌握音响放大器单元电路的基本组成和设计方法。
2. 掌握音响放大电路的调试方法。

二、 实验原理

设计一个音响系统放大器。其原理框图如图 2.2.4-1 所示。

说明：音响系统中的放大器决定了整个音响系统放音的音质、信噪比、频率响应以及音响输出功率的大小。高级音响中的放大器常分为前置放大器和功率放大及电源等两大部分。

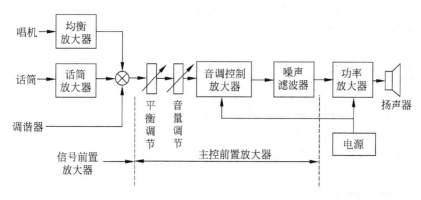

图 2.2.4-1　音响系统放大器原理框图

前置放大器可分为信号前置放大器和主控前置放大器。信号前置放大器的作用是均衡输入信号并改善其信噪比；主控前置放大器的功能是放大信号、控制并美化音质；功率放大器及电源部分的主要功能是提供整机电源及对前置放大器来的信号作功率放大以推动扬声器。

三、 实验设备与元器件

1. 交流毫伏表、电流表、电压表（装在实验台主控制屏上）。
2. 正负直流电源、信号发生器。
3. 三极管 NE5532（前置放大用）、TDA2030（音频功率放大器用），电阻、电容若干。

四、 实验内容

完成音响系统放大器的设计、制作及调试工作。

具体要求如下：

(1) 负载阻抗：$R_L = 4\Omega$；

(2) 额定功率：$P_o = 10\text{W}$；

(3) 带宽：$\text{BW} \geqslant 50\text{Hz} \sim 15\text{kHz}$；

(4) 失真度：$\gamma < 1\%$；

(5) 音调控制：低音（100Hz）$\pm 12\text{dB}$、高音（10kHz）$\pm 12\text{dB}$；

(6) 频率均衡特性符合 RIAA 标准；

(7) 输入灵敏度：话筒输入端 $\leqslant 5\text{mV}$、调谐器输入端 $\leqslant 100\text{mV}$；

(8) 输入阻抗：$R_i \geqslant 500\text{k}\Omega$；

(9) 整机效率：$\eta \geqslant 50\%$。

五、 实验注意事项

1. 必须合理选择各种放大器芯片。

2. 电容的耐压、电阻的功率等参数要与电路要求相匹配。

3. 电源采用正负电源供电方式较佳。

六、 预习与思考题

1. 复习普通放大电路及功率放大电路的相关知识。

2. 复习多级放大电路的相关知识。

3. 复习功率、频率、失真度等参数的测量方法。

七、 实验报告要求

1. 比对设计方案的性价比,说明最终选择方案优点。

2. 画出设计的电路原理图,说明其工作原理。

3. 记录制作、调试过程中的 PCB 图及实验数据,并进行分析,写出报告。

第 3 篇

数字电子电路实验指导

数字电子电路基础实验

实验一　TTL集成逻辑门的逻辑功能与参数测试

一、实验目的

1. 掌握 TTL 集成与非门的逻辑功能和主要参数的测试方法。
2. 掌握 TTL 器件的使用规则。
3. 熟悉数字电子电路实验装置的结构、基本功能和使用方法。

二、实验原理

本实验采用四输入双与非门 74LS20，即在一个集成块内含有两个互相独立的与非门，每个与非门有四个输入端。其电路图、符号及引脚排列分别如图 3.1.1-1(a)、(b)、(c)所示。

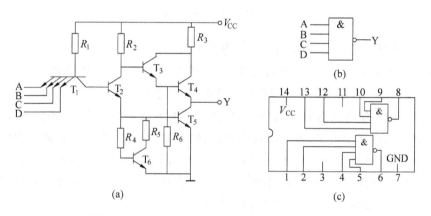

图 3.1.1-1　74LS20 电路图、逻辑符号及引脚排列

数字电路实验中所用到的集成芯片都是双列直插式的，其引脚排列规则如图 3.1.1-1(c)所示。识别方法是：正对集成电路型号（如 74LS20）或看标记（左边的缺口或小圆点标记），从左下角开始按逆时针方向以 1、2、3、…依次排列到最后一脚（在左上角）。在标准形 TTL 集成电路中，电源端 V_{CC} 一般排在左上端，接地端 GND 一般排在右下端。如 74LS20 为 14 脚芯片，14 脚为 V_{CC}，7 脚为 GND。若集成芯片引脚上的功能标号为 NC，则表示该引脚为空脚，与内部电路不连接。

1. 与非门的逻辑功能

与非门的逻辑功能是：当输入端中有一个或一个以上是低电平时，输出端为高电平；只有当输入端全部为高电平时，输出端才是低电平（即有"0"得"1"，全"1"得"0"）。

其逻辑表达式为：$Y = \overline{ABCD\cdots}$

2. TTL 与非门的主要参数

（1）低电平输出电源电流 I_{CCL} 和高电平输出电源电流 I_{CCH}

与非门处于不同的工作状态，电源提供的电流是不同的。I_{CCL} 指当所有输入端悬空，输出端空载时，电源提供给器件的电流。I_{CCH} 指当输出端空载，每个门各有一个以上的输入端接地，其余输入端悬空时，电源提供给器件的电流，通常 $I_{CCL} > I_{CCH}$。I_{CCL} 和 I_{CCH} 的测试电路如图 3.1.1-2(a)、(b)所示。

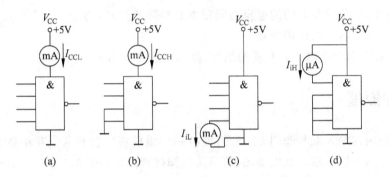

图 3.1.1-2　TTL 与非门静态参数测试电路图

（2）低电平输入电流 I_{iL} 和高电平输入电流 I_{iH}

I_{iL} 是指被测输入端接地，其余输入端悬空，输出端空载时，由被测输入端流出的电流值。在多级门电路中，I_{iL} 相当于前级门输出低电平时，后级向前级门灌入的电流，因此它关系到前级门的灌电流负载能力，即直接影响前级门电路带负载的个数，因此希望 I_{iL} 小些。I_{iH} 是指被测输入端接高电平，其余输入端接地，输出端空载时，流入被测输入端的电流值。在多级门电路中，它相当于前级门输出高电平时，后级从前级门拉出的电流，因此它关系到前级门的拉电流负载能力，希望 I_{iH} 小些。由于 I_{iH} 较小，难以测量，一般不进行测试。

I_{iL} 与 I_{iH} 的测试电路如图 3.1.1-2(c)、(d)所示。

（3）扇出系数 N_o。

扇出系数 N_o 是指门电路能驱动同类门的个数，它是衡量门电路负载能力的一个参数。TTL 与非门有两种不同性质的负载，即灌电流负载和拉电流负载，因此有两种扇出系数，即低电平扇出系数 N_{oL} 和高电平扇出系数 N_{oH}。通常 $I_{iH} < I_{iL}$，则 $N_{oH} > N_{oL}$，故常以 N_{oL} 作为门的扇出系数。

N_{oL} 的测试电路如图 3.1.1-3 所示，门的输入端全部悬空，输出端接灌电流负载 R_L，调节 R_L 使 I_{oL} 增大，V_{oL} 随之增高。当 V_{oL} 达到 V_{oLm}（手册中规定低电平规范值 0.4V）时的 I_{oL} 就是允许灌入的最大负载电流，则

$$N_{oL} = \frac{I_{oL}}{I_{iL}} \quad 通常 \quad N_{oL} \geqslant 8$$

（4）电压传输特性

门的输出电压 V_o 随输入电压 V_i 而变化的曲线 $V_o = f(V_i)$ 称为门的电压传输特性，通过它可得出门电路的一些重要参数，如输出高电平 V_{oH}、输出低电平 V_{oL}、关门电平 V_{off}、开门电平 V_{ON}、阈值电平 V_T 及抗干扰容限 V_{NL}、V_{NH} 等值。测试电路如图 3.1.1-4 所示，采用逐点测试法，即调节 R_W，逐点测得 V_i 及 V_o，然后绘成曲线。

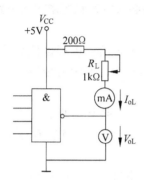

图 3.1.1-3　扇出系数测试电路

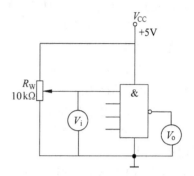

图 3.1.1-4　传输特性测试电路

（5）平均传输延迟时间 t_{pd}

t_{pd} 是衡量门电路开关速度的参数，它是指输出波形边沿的 $0.5V_m$ 至输入波形对应边沿 $0.5V_m$ 点的时间间隔，如图 3.1.1-5 所示。图 3.1.1-5(a) 中的 t_{pdL} 为导通延迟时间，t_{pdH} 为截止延迟时间，平均传输延迟时间为

$$t_{pd} = \frac{1}{2}(t_{pdL} + t_{pdH})$$

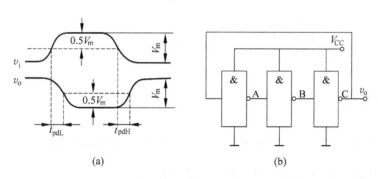

(a)　　　　　　　　　　　　　　(b)

图 3.1.1-5　t_{pd} 的测试

(a) 传输延迟特性；(b) t_{pd} 的测试电路

t_{pd} 的测试电路如图 3.1.1-5(b) 所示。由于 TTL 门电路的延迟时间较小，直接测量时对信号发生器和示波器的性能要求较高，故实验采用测量由奇数个与非门组成的环形振荡器的振荡周期 T 来求得。其工作原理是：假设电路在接通电源后某一瞬间，电路中的 A 点为逻辑"1"，经过三级门的延迟后，使 A 点由原来的逻辑"1"变为逻辑"0"；再经过三级门的延迟后，A 点电平又重新回到逻辑"1"。电路中其他各点电平也跟随变化。这说明使 A 点

发生一个周期的振荡,必须经过 6 级门的延迟时间。因此平均传输延迟时间为 $t_{pd}=\dfrac{T}{6}$。TTL 电路的 t_{pd} 一般在 $10\sim40\text{ns}$ 之间。

3. TTL 门电路闲置输入端、输出端处理方法

对于一般小规模集成电路的数据输入端,实验时允许悬空处理,相当于正逻辑"1",但易受外界干扰,导致电路的逻辑功能不正常。因此,对于接有长线的输入端,中规模以上的集成电路和使用集成电路较多的复杂电路,所有控制输入端必须按逻辑要求接入电路,不允许悬空。常用的方法有以下几种。

(1) 直接(或串入一只 $1\sim10\text{k}\Omega$ 的固定电阻)接电源电压 V_{CC},也可以接至某一固定电压($2.4\text{V}\leqslant V\leqslant4.5\text{V}$)的电源,也可与输入端为接地的多余与非门的输出端相接。

(2) 若前级驱动能力允许,可以与使用的输入端并联。

(3) 若输入端通过电阻接地,电阻值的大小将直接影响电路所处的状态。当 $R\leqslant680\Omega$ 时,输入端相当于逻辑"0";当 $R\geqslant4.7\text{k}\Omega$ 时,输入端相当于逻辑"1"。对于不同系列的器件,要求的阻值不同。

另外,TTL 门电路输出端不允许并联使用(集电极开路门和三态输出门电路除外),否则不仅会使电路逻辑功能混乱,并会导致器件损坏。输出端也不允许直接接地或直接接 $+5\text{V}$ 电源,否则将损坏器件。有时为了使后级电路获得较高的输出电平,允许输出端通过电阻 R 接至 V_{CC},一般取 $R=3\sim5.1\text{k}\Omega$。

三、 实验设备与元器件

1. $+5\text{V}$ 直流电源。
2. 逻辑电平开关、逻辑电平显示器。
3. 双踪示波器、直流数字电压表、直流毫安表、直流微安表。
4. $74\text{LS}20\times2$,$1\text{k}\Omega$、$10\text{k}\Omega$ 电位器,200Ω 电阻器(0.5W)。

四、 实验内容

在合适的位置选取一个 14P 插座,按定位标记插好 74LS20 集成块。

1. 验证 TTL 集成与非门 74LS20 的逻辑功能

按图 3.1.1-6 接线,门的四个输入端接逻辑开关输出插口,以提供"0"与"1"电平信号,开关向上输出逻辑"1",向下为逻辑"0"。门的输出端接由 LED 发光二极管组成的逻辑电平显示器(又称 0-1 指示器)的显示插口,LED 亮为逻辑"1",不亮为逻辑"0"。按表 3.1.1-1 所示的真值表逐个测试集成块中两个与非门的逻辑功能。74LS20 有 4 个输入端,有 16 个最小项,在实际测试时,只要通过对输入 1111、0111、1011、1101、1110 五项进行检测就可判断其逻辑功能是否正常。

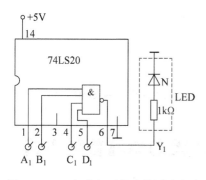

图 3.1.1-6　与非门逻辑功能测试电路

表 3.1.1-1　74LS20 真值表测试

输　入				输　出	
A_n	B_n	C_n	D_n	Y_1	Y_2
1	1	1	1		
0	1	1	1		
1	0	1	1		
1	1	0	1		
1	1	1	0		

2. 74LS20 主要参数的测试

（1）分别按图 3.1.1-2、图 3.1.1-3、图 3.1.1-5(b)接线并进行测试,将测试结果记入表 3.1.1-2 中。

表 3.1.1-2　74LS20 主要参数的测试表

I_{CCL} /mA	I_{CCH} /mA	I_{iL} /mA	I_{oL} /mA	$N_o = \dfrac{I_{oL}}{I_{iL}}$	$t_{pd} = \dfrac{T}{6}$ (ns)

（2）按图 3.1.1-4 接线,调节电位器 R_w,使 V_i 从 0V 向高电平变化,逐点测量 V_i 和 V_o 的对应值,记入表 3.1.1-3 中。

表 3.1.1-3　74LS20 传输特性测试表

V_i/V	0	0.2	0.4	0.6	0.8	1.0	1.5	2.0	2.5	3.0	3.5	4.0	…
V_o/V													

五、 实验注意事项

1. 接插集成块时,要认清定位标记,不得插反。

2. TTL 电路对电源电压要求较严格,电源电压 V_{CC} 只允许在 +5V±10% 的范围内工作,超过 5.5V 将损坏器件,低于 4.5V 器件的逻辑功能将不正常。

3. TTL 与非门电路的闲置输入端可接高电平,不能接低电平。

六、 预习与思考题

1. 熟悉集成电路 74LS20 的管脚图。

2. 熟悉各个测试电路的工作原理。

3. TTL 门电路的闲置输入端如何处理?

七、 实验报告要求

1. 记录、整理实验结果，并对结果进行分析。
2. 在坐标纸上画出实测的电压传输特性曲线，并从中读出各有关参数值。

实验二　CMOS 集成逻辑门的逻辑功能与参数测试

一、 实验目的

1. 掌握 CMOS 集成门电路的逻辑功能和器件的使用规则。
2. 学会 CMOS 集成门电路主要参数的测试方法。

二、 实验原理

1. CMOS 集成电路

CMOS 集成电路是组合 N 沟道和 P 沟道 MOS 的集成电路，它具有以下主要优点。

(1) 功耗低。其静态工作电流在 10^{-9} A 数量级，是目前所有数字集成电路中最低的，而 TTL 器件的功耗则大得多。

(2) 高输入阻抗。通常大于 $10^{10}\,\Omega$，远高于 TTL 器件的输入阻抗。

(3) 接近理想的传输特性。输出高电平可达电源电压的 99.9% 以上，低电平可达电源电压的 0.1% 以下，因此噪声容限很高。

(4) 电源电压范围广，可在 3～18V 范围内正常运行。

(5) 由于有很高的输入阻抗，要求驱动电流很小，约 0.1μA，输出电流在 +5V 电源下约为 500μA，远小于 TTL 电路，如以此电流来驱动同类门电路，其扇出系数将非常大。在一般低频率时，无须考虑扇出系数，但在高频时，后级门的输入电容将成为主要负载，使其扇出能力下降，所以在较高频率工作时，CMOS 电路的扇出系数一般取 10～20。

2. CMOS 门电路逻辑功能

尽管 CMOS 与 TTL 电路内部结构不同，但它们的逻辑功能完全一样。

3. CMOS 与非门的主要参数

CMOS 与非门主要参数的定义及测试方法与 TTL 电路相仿，这里从略。

4. CMOS 电路的使用规则

由于 CMOS 电路有很高的输入阻抗，这给使用者带来一定的麻烦，即外来的干扰信号很容易在一些悬空的输入端上感应出很高的电压，以致损坏器件。CMOS 电路的使用规则如下。

(1) V_{DD} 接电源正极，V_{SS} 接电源负极（通常接地），不得接反。CC4000 系列的电源允许电压在 3～18V 范围内选择，实验中一般要求使用 5～15V。

(2) 所有输入端一律不准悬空。闲置输入端的处理方法：

① 按照逻辑要求，直接接 V_{DD}（与非门）或 V_{SS}（或非门）；

② 在工作频率不高的电路中，允许输入端并联使用。

(3) 输出端不允许直接与 V_{DD} 或 V_{SS} 连接，否则将导致器件损坏。

(4) 在装接电路，改变电路连接或插、拔电路时，均应切断电源，严禁带电操作。

(5) 存放、焊接和测试时的注意事项：

① 电路应存放在金属的容器内，有良好的静电屏蔽；

② 焊接时必须切断电源，电烙铁外壳必须良好接地，或拔下烙铁，靠其余热焊接；

③ 所有的测试仪器必须良好接地。

三、 实验设备与元器件

1. +5V 直流电源。

2. 双踪示波器、直流数字电压表、毫安表、微安表。

3. 连续脉冲源、逻辑电平开关、逻辑电平显示器。

4. CC4011、CC4001、CC4071、CC4081、100kΩ 电位器、1kΩ 电阻。

四、 实验内容

1. CMOS 与非门 CC4011 参数测试（方法与 TTL 电路相同）

(1) 测试一个门的 I_{CCL}、I_{CCH}、I_{iL}、I_{iH}。

(2) 测试一个门的传输特性（一输入端接信号，另一输入端接逻辑高电平）。

(3) 将三个门串接成振荡器，用示波器观测输入、输出波形，并计算出 t_{pd} 值。

2. 验证 CMOS 各门电路的逻辑功能，判断其好坏

验证与非门 CC4011、与门 CC4081、或门 CC4071 及或非门 CC4001 的逻辑功能，其引脚见附录。与非门逻辑功能测试电路如图 3.1.2-1 所示。

以 CC4011 为例说明：测试时，选好某一个 14P 插座，插入被测器件，其输入端 A、B 接逻辑开关的输出插口，其输出端 Y 接至逻辑电平显示器输入插口，拨动逻辑电平开关，逐个测试各门的逻辑功能，并记入表 3.1.2-1 中。

3. 观察与非门、与门、或非门对脉冲的控制作用

选用与非门按图 3.1.2-2(a)、(b) 接线，将一个输入端接连续脉冲源（频率为 20kHz），用示波器观察两种电路的输出波形，记录之。

然后测定"与门"和"或非门"对连续脉冲的控制作用。

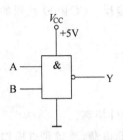

图 3.1.2-1　与非门逻辑功能测试

表 3.1.2-1　与非门逻辑功能测试表

输　　入		输　　　出			
A	B	Y_1	Y_2	Y_3	Y_4
0	0				
0	1				
1	0				
1	1				

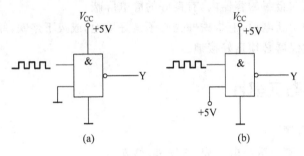

图 3.1.2-2　与非门对脉冲的控制作用

五、 实验注意事项

1. 接插集成块时,要认清定位标记,不得插反。

2. CMOS 门电路的闲置输入端必须接高电平(如与非门)或低电平(如或非门),不准悬空。

3. 在装接电路,改变电路连接或插、拔电路时,均应切断电源,严禁带电操作,以免损坏器件。

六、 预习与思考题

1. 复习 CMOS 门电路的工作原理。

2. 熟悉实验用各集成逻辑门引脚功能。

3. 画出各实验内容的测试电路与数据记录表格。

4. 画好实验用各门电路的真值表表格。

5. CMOS 门电路的闲置输入端如何处理?

七、 实验报告要求

1. 整理实验结果,用坐标纸画出传输特性曲线。

2. 根据实验结果,写出各门电路的逻辑表达式,并判断被测电路的功能好坏。

实验三　集成逻辑电路的连接和驱动

一、 实验目的

1. 掌握 TTL、CMOS 集成电路的输入输出电路特点。
2. 掌握集成逻辑电路相互连接时应遵循的规则和实际连接方法。

二、 实验原理

1. TTL 电路的输入输出电路特点

当输入端为高电平时,输入电流是反向二极管的漏电流,电流极小。其方向是从外部流入输入端。当输入端处于低电平时,电流由电源 V_{CC} 经内部电路流出输入端,电流较大,当与上一级电路衔接时,将决定上级电路应具有的负载能力。高电平输出电压在负载不大时为 3.5V 左右。低电平输出时,允许后级电路灌入电流,随着灌入电流的增加,输出低电平将升高。一般 LS 系列 TTL 电路允许灌入 8mA 电流,即可吸收后级 20 个 LS 系列标准门的灌入电流。最大允许低电平输出电压为 0.4V。

2. CMOS 电路的输入输出电路特点

一般 CC 系列的输入阻抗可高达 $10^{10}\,\Omega$,输入电容在 5pF 以下,输入高电平通常要求在 3.5V 以上,输入低电平通常为 1.5V 以下。因 CMOS 电路的输出结构具有对称性,故对高低电平具有相同的输出能力。就灌电流负载能力和拉电流负载能力而言,CMOS 电路远远低于 TTL 电路。当输出端负载很轻时,输出高电平将十分接近电源电压;输出低电平时将十分接近地电位。

在高速 CMOS 电路 54/74HC 系列中的一个子系列 54/74HCT,其输入电平与 TTL 电路完全相同,因此在相互取代时,不需考虑电平的匹配问题。

3. 集成逻辑电路的连接

在实际的数字电路系统中总是将一定数量的集成逻辑电路按需要前后连接起来,此时前级电路的输出将与后级电路的输入相连并驱动后级电路工作,这就存在着电平的配合和负载能力这两个需要妥善解决的问题。

可用下列几个表达式来说明连接时所要满足的条件:

V_{oH}(前级)$\geqslant V_{iH}$(后级);

V_{oL}(前级)$\leqslant V_{iL}$(后级);

I_{oH}(前级)$\geqslant n \times I_{iH}$(后级);

I_{oL}(前级)$\geqslant n \times I_{iL}$(后级),$n$ 为后级门的数目。

（1）TTL 与 TTL 的连接

TTL 集成逻辑电路的所有系列，由于电路结构形式相同，电平配合比较方便，不需要外接元件就可直接连接，不足之处是受低电平时负载能力的限制。表 3.1.3-1 列出了 74 系列 TTL 电路的扇出系数。

表 3.1.3-1　74 系列 TTL 电路的扇出系数

	74LS00	74ALS00	7400	74L00	74S00
74LS00	20	40	5	40	5
74ALS00	20	40	5	40	5
7400	40	80	10	40	10
74L00	10	20	2	20	1
74S00	50	100	12	100	12

（2）TTL 驱动 CMOS 电路

由于 CMOS 电路的输入阻抗高，故驱动电流一般不受限制。在电平配合上，TTL 电路输出为低电平可直接连接；而高电平时因 TTL 电路输出高电平可能低于 CMOS 电路的要求，为保证 CMOS 电路能可靠工作，通常要外接一个上拉电阻 R，如图 3.1.3-1 所示，使输出高电平能达到 3.5V 以上。R 的取值为 $2\sim6.2\mathrm{k}\Omega$ 较合适，这时 TTL 电路驱动 CMOS 电路的数目则基本无限制。

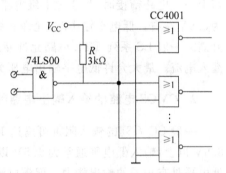

图 3.1.3-1　TTL 驱动 CMOS 电路

（3）CMOS 驱动 TTL 电路

CMOS 电路的输出电平能满足 TTL 电路对输入电平的要求，而驱动电流将受限制，主要是低电平时的负载能力。表 3.1.3-2 列出了一般 CMOS 电路驱动 TTL 电路时的扇出系数，从表中可见，除了 74HC 系列外的其他 CMOS 电路驱动 TTL 的能力都较低。

表 3.1.3-2　CMOS 电路驱动 TTL 电路时的扇出系数

扇出系数 驱动	被　驱　动			
	LS-TTL	L-TTL	TTL	ASL-TTL
CC4001B 系列	1	2	0	2
MC14001B 系列	1	2	0	2
MM74HC 及 74HCT 系列	10	20	2	20

既要使用此系列又要提高其驱动能力时，可采用以下两种方法。

① 采用 CMOS 驱动器，如 CC4049、CC4050 是专为给出较大驱动能力而设计的 CMOS 电路。

② 几个同功能的 CMOS 电路并联使用，即将其输入端并联，输出端并联（TTL 电路是不允许并联的）。

（4）CMOS 与 CMOS 的连接

CMOS 与 CMOS 可直接连接，不需外接元件。在直流电路中，一个 CMOS 电路可驱动的同类门电路数量无限制，但在实际使用时，应考虑后级门输入电容对前级门的传输速度的影响，电容太大时，传输速度会下降，因此在高速使用时要从负载电容来考虑，例如 CC4000T 系列。CMOS 电路在 10MHz 以上速度运用时应限制在 20 个门以下。

三、 实验设备与元器件

1. ＋5V 直流电源。
2. 逻辑电平开关、逻辑电平显示器、逻辑笔。
3. 直流数字电压表、直流毫安表。
4. 74LS00×2，CC4001×1，74HC00×1。
5. 电阻：100Ω、470Ω、3kΩ；电位器：47kΩ、10kΩ、4.7kΩ。

四、 实验内容

1. 测试 74LS00（TTL 电路）及 CC4001（CMOS 电路）的输出特性

74LS00 及 CC4001 的引脚排列如图 3.1.3-2 所示，其输出特性测试电路如图 3.1.3-3 所示，图中以与非门 74LS00 为例画出了高、低电平两种输出状态下输出特性的测量方法。改变电位器 R_W 的阻值，从而可以获得输出特性曲线。R 为限流电阻。

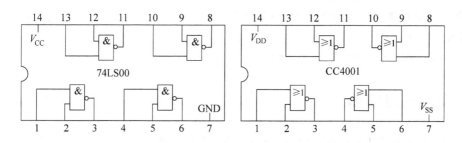

图 3.1.3-2　74LS00 与非门与 CC4001 或非门电路引脚排列

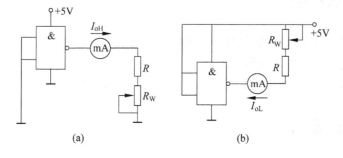

图 3.1.3-3　与非门电路输出特性测试电路

(a)高电平输出；(b)低电平输出

（1）测试 TTL 电路 74LS00 的输出特性

在实验装置的合适位置选取一个 14P 插座。插入 74LS00，R 取为 100Ω，高电平输出时，R_{w} 取 $47\mathrm{k}\Omega$，低电平输出时，R_{w} 取 $10\mathrm{k}\Omega$，高电平测试时应测量空载到最小允许高电平（2.7V）之间的一系列点；低电平测试时应测量空载到最大允许低电平（0.4V）之间的一系列点。

（2）测试 CMOS 电路 CC4001 的输出特性

测试时 R 取 470Ω，R_{w} 取 $4.7\mathrm{k}\Omega$。高电平测试时应测量从空载到输出电平降到 4.6V 为止的一系列点；低电平测试时应测量从空载到输出电平升到 0.4V 为止的一系列点。

2. TTL 电路驱动 CMOS 电路

实验电路如图 3.1.3-1 所示，用 74LS00 的一个门驱动 CC4001 的四个门，R 取 $3\mathrm{k}\Omega$。测量连接 $3\mathrm{k}\Omega$ 与不连接 $3\mathrm{k}\Omega$ 电阻时 74LS00 的输出高低电平及 CC4001 的逻辑功能，测试逻辑功能时，可用实验装置上的逻辑笔进行测试，逻辑笔的电源 V_{CC} 接 $+5\mathrm{V}$，其输入口 1NPVT 通过一根导线接至所需的测试点。

3. CMOS 电路驱动 TTL 电路

电路如图 3.1.3-4 所示，被驱动的电路用 74LS00 的八个门并联。电路的输入端接逻辑开关输出插口，八个输出端分别接逻辑电平显示的输入插口。先用 CC4001 的一个门来驱动，观测 CC4001 的输出电平和 74LS00 的逻辑功能。然后将 CC4001 的其余三个门并联到第一个门上（输入、输出端分别对应并联），分别观察 CMOS 的输出电平及 74LS00 的逻辑功能。最后用 1/4 74HC00 代替 1/4 CC4001，测试其输出电平及系统的逻辑功能。

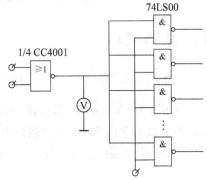

图 3.1.3-4   CMOS 电路驱动 TTL 电路

五、 实验注意事项

TTL、CMOS 集成电路连接时，必须注意两者的电平配合和负载能力的问题。

六、 预习与思考题

1. 自拟各实验记录用的数据表格，及逻辑电平记录表格。
2. 熟悉所用集成电路的引脚功能。
3. TTL 与 CMOS 集成电路的输入输出电路特点的主要区别是什么？

七、 实验报告要求

1. 整理实验数据，作出输出特性曲线，并加以分析。
2. 通过本次实验，你对不同集成门电路的衔接得出什么结论？

实验四　译码器及其应用

一、实验目的

1. 掌握中规模集成译码器的逻辑功能和使用方法。
2. 熟悉数码管的使用。

二、实验原理

译码器是一个多输入、多输出的组合逻辑电路。它的作用是把给定的代码进行"翻译",变成相应的状态,使输出通道中相应的一路有信号输出。译码器在数字系统中有广泛的用途,不仅用于代码的转换、终端的数字显示,还用于数据分配、存储器寻址和组合控制信号等。根据用途的不同可选用不同种类的译码器。

译码器可分为二进制译码器和显示译码器两大类。

1. 二进制译码器

二进制译码器(又称变量译码器)用以表示输入变量的状态,如 2 线-4 线、3 线-8 线和 4 线-16 线译码器。若有 n 个输入变量,则有 2^n 个不同的组合状态,就有 2^n 个输出端供其使用。而每一个输出所代表的函数对应于 n 个输入变量的最小项。

以 3 线-8 线译码器 74LS138 为例进行分析。表 3.1.4-1 为 74LS138 的功能表。图 3.1.4-1 (a)、(b)分别为其逻辑图及引脚排列。

表 3.1.4-1　74LS138 功能表

输　　入					输　　出							
S_1	$\overline{S_2}+\overline{S_3}$	A_2	A_1	A_0	$\overline{Y_0}$	$\overline{Y_1}$	$\overline{Y_2}$	$\overline{Y_3}$	$\overline{Y_4}$	$\overline{Y_5}$	$\overline{Y_6}$	$\overline{Y_7}$
1	0	0	0	0	0	1	1	1	1	1	1	1
1	0	0	0	1	1	0	1	1	1	1	1	1
1	0	0	1	0	1	1	0	1	1	1	1	1
1	0	0	1	1	1	1	1	0	1	1	1	1
1	0	1	0	0	1	1	1	1	0	1	1	1
1	0	1	0	1	1	1	1	1	1	0	1	1
1	0	1	1	0	1	1	1	1	1	1	0	1
1	0	1	1	1	1	1	1	1	1	1	1	0
0	×	×	×	×	1	1	1	1	1	1	1	1
×	1	×	×	×	1	1	1	1	1	1	1	1

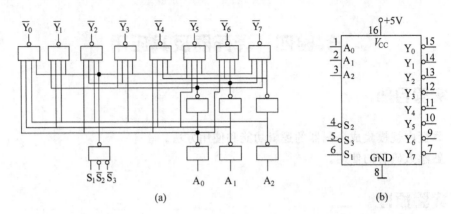

图 3.1.4-1 3-8 线译码器 74LS138 逻辑图及引脚排列

二进制译码器实际上也是负脉冲输出的脉冲分配器。若利用使能端中的一个输入端输入数据信息,器件就成为一个数据分配器(又称多路分配器),如图 3.1.4-2 所示。接成多路分配器,可将一个信号源的数据信息传输到不同的地点。根据输入地址的不同组合译出唯一地址,故二进制译码器可用作地址译码器。接成多路分配器,可将一个信号源的数据信息传输到不同的地点。

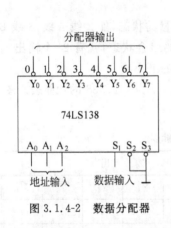

图 3.1.4-2 数据分配器

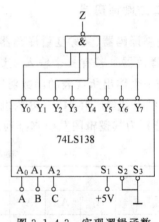

图 3.1.4-3 实现逻辑函数

二进制译码器还能方便地实现逻辑函数,如图 3.1.4-3 所示,实现的逻辑函数是

$$Z = \overline{A}\overline{B}\overline{C} + \overline{A}B\overline{C} + A\overline{B}\overline{C} + ABC$$

2. 数码显示译码器

(1) 七段发光二极管(LED)数码管

LED 数码管是目前最常用的数字显示器,图 3.1.4-4(a)、(b)所示为共阴极和共阳极的电路,图 3.1.4-4(c)所示为两种不同出线形式的引出脚功能图。

一个 LED 数码管可用来显示一位 0~9 十进制数和一个小数点。小型数码管(0.5 英寸和 0.36 英寸)每段发光二极管的正向压降,随显示光(通常为红、绿、黄、橙色)的颜色不同略有差别,通常约为 2~2.5V,每个发光二极管的点亮电流在 5~10mA。LED 数码管要显示 BCD 码所表示的十进制数字就需要有一个专门的译码器,该译码器不但可以完成译码功

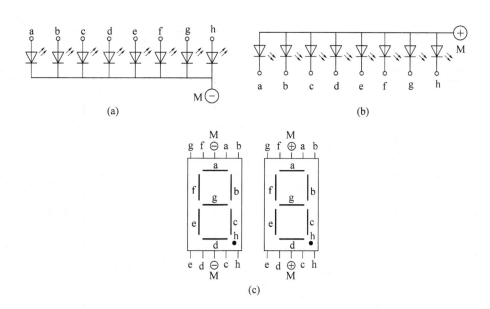

图 3.1.4-4　LED 数码管

（a）共阴连接（"1"电平驱动）；（b）共阳连接（"0"电平驱动）；（c）符号及引脚功能

能,还要有相当的驱动能力。

（2）BCD 码七段译码驱动器

此类译码器型号有 74LS47（共阳）、74LS48（共阴）、CC4511（共阴）等,本实验采用 CC4511 BCD 码锁存/七段译码/驱动器,驱动共阴极 LED 数码管。图 3.1.4-5 所示为 CC4511 引脚排列。表 3.1.4-2 所示为 CC4511 的功能表。

输入 BCD 码,译码输出高电平有效,用来驱动共阴极 LED 数码管。$\overline{\text{LT}}$ 为测试输入端,$\overline{\text{BI}}$ 为消隐输入端,LE 为锁定端（译码器锁定 LE＝0 时的数值）。

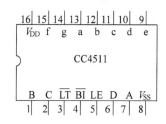

图 3.1.4-5　CC4511 引脚排列

表 3.1.4-2　CC4511 功能表

输　　入							输　　出							
LE	$\overline{\text{BI}}$	$\overline{\text{LT}}$	D	C	B	A	a	b	c	d	e	f	g	显示字形
×	×	0	×	×	×	×	1	1	1	1	1	1	1	8
×	0	1	×	×	×	×	0	0	0	0	0	0	0	消隐
0	1	1	0	0	0	0	1	1	1	1	1	1	0	0
0	1	1	0	0	0	1	0	1	1	0	0	0	0	1
0	1	1	0	0	1	0	1	1	0	1	1	0	1	2
0	1	1	0	0	1	1	1	1	1	1	0	0	1	3
0	1	1	0	1	0	0	0	1	1	0	0	1	1	4
0	1	1	0	1	0	1	1	0	1	1	0	1	1	5

续表

LE	$\overline{BI}$	$\overline{LT}$	D	C	B	A	a	b	c	d	e	f	g	显示字形
0	1	1	0	1	1	0	0	0	1	1	1	1	1	ᑓ
0	1	1	0	1	1	1	1	1	1	0	0	0	0	﹁
0	1	1	1	0	0	0	1	1	1	1	1	1	1	8
0	1	1	1	0	0	1	1	1	1	0	0	1	1	ᑌ
0	1	1	1	0	1	0	0	0	0	0	0	0	0	消隐
0	1	1	1	0	1	1	0	0	0	0	0	0	0	消隐
0	1	1	1	1	0	0	0	0	0	0	0	0	0	消隐
0	1	1	1	1	0	1	0	0	0	0	0	0	0	消隐
0	1	1	1	1	1	0	0	0	0	0	0	0	0	消隐
0	1	1	1	1	1	1	0	0	0	0	0	0	0	消隐
1	1	1	×	×	×	×	锁存							锁存

本数字电子电路实验装置已完成了译码器 CC4511 和数码管 BS202 之间的连接。实验时,只要接通 +5V 电源和将十进制数的 BCD 码接至译码器的相应输入端 A、B、C、D 即可显示 0~9 的数字。四位数码管可接受四组 BCD 码输入。CC4511 与 LED 数码管的连接如图 3.1.4-6 所示。

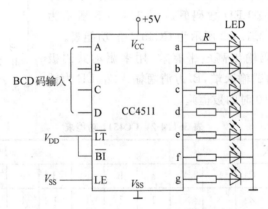

图 3.1.4-6　CC4511 驱动一位 LED 数码管

三、 实验设备与元器件

1. +5V 直流电源。

2. 双踪示波器。

3. 连续脉冲源、逻辑电平开关、拨码开关组、逻辑电平显示器、译码显示器。

4. 74LS138×2、CC4511。

四、 实验内容

1. 数据拨码开关的使用

将实验装置上的四组拨码开关的输出 A_i、B_i、C_i、D_i 分别接至 4 组显示译码/驱动器 CC4511 的对应输入口，LE、$\overline{BI}$、$\overline{LT}$ 接至三个逻辑开关的输出插口，接上 +5V 显示器的电源，然后按功能表 3.1.4-2 输入的要求揿动四个数码的增减键（"+"与"−"键）和操作与 LE、$\overline{BI}$、$\overline{LT}$ 对应的三个逻辑开关，观测拨码盘上的四位数与 LED 数码管显示的对应数字是否一致及译码显示是否正常。

2. 74LS138 译码器逻辑功能测试

将译码器使能端 S_1、$\overline{S}_2$、$\overline{S}_3$ 及地址端 A_2、A_1、A_0 分别接至逻辑电平开关输出口，八个输出端 $\overline{Y}_7 \sim \overline{Y}_0$ 依次连接在逻辑电平显示器的八个输入口上，拨动逻辑电平开关，按表 3.1.4-1 逐项测试 74LS138 的逻辑功能。

3. 用 74LS138 构成数据分配器

参照图 3.1.4-2 和实验原理说明，时钟脉冲 CP 频率约为 10kHz，要求分配器输出端 $\overline{Y}_0 \sim \overline{Y}_7$ 的信号与 CP 输入信号同相。

画出分配器实验电路，用示波器观察和记录在地址端 A_2、A_1、A_0 分别取 000～111 共 8 种不同状态时 $\overline{Y}_0 \sim \overline{Y}_7$ 端的输出波形，注意输出波形与 CP 输入波形之间的相位关系。

4. 用 74LS138 实现逻辑函数

按照图 3.1.4-3 所示，实现逻辑函数 $Z = \overline{A}\overline{B}C + \overline{A}B\overline{C} + A\overline{B}\overline{C} + ABC$。

五、 实验注意事项

使用 TTL 与非门电路时，其闲置输入端可接高电平，以免引入干扰。

六、 预习与思考题

1. 复习有关译码器和分配器的原理。
2. 根据实验任务，画出所需的实验线路及记录表格。
3. 如何判断七段数码管各引脚和显示段的对应关系？

七、 实验报告要求

1. 画出实验线路，把观察到的波形画在坐标纸上，并标上对应的地址码。
2. 对实验结果进行分析、讨论。

实验五 数据选择器及其应用

一、实验目的

1. 掌握中规模集成数据选择器的逻辑功能及使用方法。
2. 学习用数据选择器构成组合逻辑电路的方法。

二、实验原理

数据选择器又叫"多路开关"。数据选择器在地址码电位的控制下,从几个数据输入中选择一个并将其送到一个公共的输出端。数据选择器的功能类似一个多掷开关,如图 3.1.5-1 所示,图中有四路数据 $D_0 \sim D_3$,通过选择控制信号 A_1、A_0(地址码)从四路数据中选中某一路数据送至输出端 Q。

数据选择器的电路结构一般由与或门阵列组成,也有用传输门开关和门电路混合而成的。

1. 八选一数据选择器 74LS151

它是互补输出的 8 选 1 数据选择器,引脚排列如图 3.1.5-2 所示,功能见表 3.1.5-1。

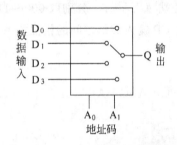

图 3.1.5-1 4 选 1 数据选择器示意图

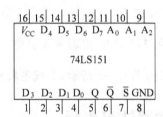

图 3.1.5-2 74LS151 引脚排列

表 3.1.5-1 74LS151 功能表

输 入				输 出	
$\overline{S}$	A_2	A_1	A_0	Q	$\overline{Q}$
1	×	×	×	0	1
0	0	0	0	D_0	$\overline{D}_0$
0	0	0	1	D_1	$\overline{D}_1$
0	0	1	0	D_2	$\overline{D}_2$
0	0	1	1	D_3	$\overline{D}_3$
0	1	0	0	D_4	$\overline{D}_4$
0	1	0	1	D_5	$\overline{D}_5$
0	1	1	0	D_6	$\overline{D}_6$
0	1	1	1	D_7	$\overline{D}_7$

选择控制端为 $A_2 \sim A_0$,按二进制译码,从 8 个输入数据 $D_0 \sim D_7$ 中,选择一个需要的数据送到输出端 Q,$\bar{S}$ 为使能端,低电平有效。

数据选择器的用途很多,例如多通道传输、数码比较、并行码变串行码,以及实现逻辑函数等。

2. 双四选一数据选择器 74LS153

在一块集成芯片上有两个 4 选 1 数据选择器。其引脚排列如图 3.1.5-3 所示,功能见表 3.1.5-2。

表 3.1.5-2　74LS153 引脚功能

输　　　　　入			输出
$\bar{S}$	A_1	A_0	Q
1	$\times$	$\times$	0
0	0	0	D_0
0	0	1	D_1
0	1	0	D_2
0	1	1	D_3

```
 16  15  14  13  12  11  10   9
 Vcc  2S̄  A₀ 2D₃ 2D₂ 2D₁ 2D₀ 2Q

            74LS153

 1S̄  A₁ 1D₃ 1D₂ 1D₁ 1D₀ 1Q GND
  1   2   3   4   5   6   7   8
```

图 3.1.5-3　74LS153 引脚功能

$1\bar{S}$、$2\bar{S}$ 为两个独立的使能端;A_1、A_0 为公用的地址输入端;$1D_0 \sim 1D_3$ 和 $2D_0 \sim 2D_3$ 分别为两个 4 选 1 数据选择器的数据输入端;Q_1、Q_2 为两个输出端。

3. 数据选择器的应用——实现逻辑函数

例 1:用 8 选 1 数据选择器 74LS151 实现函数 $F = A\bar{B} + \bar{A}C + B\bar{C}$。

采用 8 选 1 数据选择器 74LS151 可实现任意三输入变量的组合逻辑函数。作出函数 F 的功能表,如表 3.1.5-3 所示,将函数 F 的功能表与 8 选 1 数据选择器的功能表相比较,可知:

(1) 将输入变量 C、B、A 作为 8 选 1 数据选择器的地址码 A_2、A_1、A_0;

(2) 使 8 选 1 数据选择器的各数据输入 $D_0 \sim D_7$ 分别与函数 F 的输出值一一对应。

即:$A_2 A_1 A_0 = CBA, D_0 = D_7 = 0, D_1 = D_2 = D_3 = D_4 = D_5 = D_6 = 1$,则 8 选 1 数据选择器的输出 Q 便实现了函数 $F = A\bar{B} + \bar{A}C + B\bar{C}$。接线图如图 3.1.5-4 所示。

表 3.1.5-3　函数 F 的功能表

输　　　　入			输　出
C	B	A	F
0	0	0	0
0	0	1	1
0	1	0	1
0	1	1	1
1	0	0	1
1	0	1	1
1	1	0	1
1	1	1	0

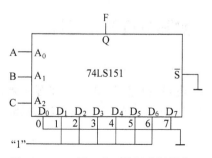

图 3.1.5-4　用 8 选 1 数据选择器实现

显然,采用具有 n 个地址端的数据选择实现 n 变量的逻辑函数时,应将函数的输入变量加到数据选择器的地址端(A),选择器的数据输入端(D)按次序以函数 F 输出值来赋值。当函数输入变量数小于数据选择器的地址端(A)时,应将不用的地址端及不用的数据输入端(D)都接地。

例 2:用 4 选 1 数据选择器 74LS153 实现函数 $F=\overline{A}BC+A\overline{B}C+AB\overline{C}+ABC$。

函数 F 的功能如表 3.1.5-4 所示。函数 F 有三个输入变量 A、B、C,而数据选择器有两个地址端 A_1、A_0,少于函数输入变量个数,在设计时可任选 A 接 A_1,B 接 A_0,将函数功能表改画成表 3.1.5-5 的形式,可见当将输入变量 A、B、C 中 A、B 接选择器的地址端 A_1、A_0,由表 3.1.5-5 不难看出:$D_0=0$,$D_1=D_2=C$,$D_3=1$,则 4 选 1 数据选择器的输出,便实现了函数 $F=\overline{A}BC+A\overline{B}C+AB\overline{C}+ABC$。接线图如图 3.1.5-5 所示。

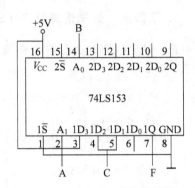

图 3.1.5-5 用 4 选 1 数据选择器实现

表 3.1.5-4 函数 F 的功能表

输	入		输出
A	B	C	F
0	0	0	0
0	0	1	0
0	1	0	0
0	1	1	1
1	0	0	0
1	0	1	1
1	1	0	1
1	1	1	1

表 3.1.5-5 改画后的函数 F 功能表

输	入		输出	中选数据端
A	B	C	F	
0	0	0	0	$D_0=0$
		1	0	
0	1	0	0	$D_1=C$
		1	1	
1	0	0	0	$D_2=C$
		1	1	
1	1	0	1	$D_3=1$
		1	1	

当函数输入变量大于数据选择器地址端(A)时,可能随着选用函数输入变量作地址的方案不同,而使其设计结果不同,需对几种方案进行比较,以获得最佳方案。

三、 实验设备与元器件

1. +5V 直流电源。
2. 逻辑电平开关、逻辑电平显示器。
3. 74LS151(或 CC4512)、74LS153(或 CC4539)。

四、 实验内容

1. 测试数据选择器 74LS151 的逻辑功能

按图 3.1.5-6 接线，地址端 A_2、A_1、A_0 及数据端 $D_0 \sim D_7$、使能端 $\overline{S}$ 接逻辑开关，输出端 Q 接逻辑电平显示器，按 74LS151 功能表逐项进行测试，记录测试结果。

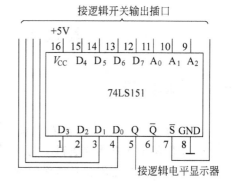

图 3.1.5-6　74LS151 逻辑功能测试

2. 测试 74LS153 的逻辑功能

测试方法及步骤同上，记录之。

3. 用 8 选 1 数据选择器实现逻辑函数：$F = \overline{A}BC + A\overline{B}C + AB\overline{C} + ABC$

(1) 写出设计过程。
(2) 画出接线图。
(3) 验证逻辑功能。

4. 用 8 选 1 数据选择器 74LS151 设计三输入多数表决电路

(1) 写出设计过程。
(2) 画出接线图。
(3) 验证逻辑功能。

五、 实验注意事项

要特别注意使能端 $\overline{S}$ 的作用，当使能条件不满足时，数据选择器(多路开关)将被禁止使用，无输出，即 Q＝0。

六、 预习与思考题

1. 复习数据选择器的工作原理。
2. 数据选择器有哪些应用？
3. 用数据选择器对实验内容中各函数式进行预设计。

七、 实验报告要求

1. 用数据选择器对实验内容进行设计，写出设计全过程，画出接线图，进行逻辑功能测试。
2. 总结实验收获、体会。

实验六   触发器及其应用

一、实验目的

1. 掌握基本 RS、JK、D 触发器和 T 触发器的逻辑功能。
2. 掌握集成触发器的逻辑功能及使用方法。
3. 熟悉触发器之间相互转换的方法。

二、实验原理

触发器具有两个稳定状态,是一个具有记忆功能的二进制信息存储器件,是构成各种时序电路的最基本逻辑单元。

1. 基本 RS 触发器

图 3.1.6-1 所示为由两个与非门交叉耦合构成的基本 RS 触发器,表 3.1.6-1 所示为基本 RS 触发器的功能表。基本 RS 触发器也可以用两个或非门组成,此时为高电平触发有效。

表 3.1.6-1   基本 RS 触发器功能表

输　　入		输　　出	
$\bar{S}$	$\bar{R}$	Q^{n+1}	$\bar{Q}^{n+1}$
0	1	1	0
1	0	0	1
1	1	Q^n	$\bar{Q}^n$
0	0	φ	φ

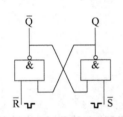

图 3.1.6-1   基本 RS 触发器

2. JK 触发器

在输入信号为双端的情况下,JK 触发器是功能完善、使用灵活和通用性较强的一种触发器。本实验采用 74LS112 双 JK 触发器,是下降边沿触发的边沿触发器。其引脚功能及逻辑符号如图 3.1.6-2 所示。

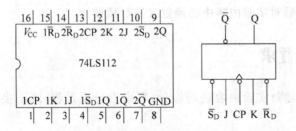

图 3.1.6-2   74LS112 双 JK 触发器的引脚排列及逻辑符号

JK 触发器的状态方程为 $Q^{n+1}=J\overline{Q}^n+\overline{K}Q^n$。若 J、K 有两个或两个以上输入端时,组成"与"的关系。Q 与 $\overline{Q}$ 为两个互补输出端。下降沿触发 JK 触发器的功能见表3.1.6-2。

表 3.1.6-2　74LS112 的功能表

输入					输出	
$\overline{S}_D$	$\overline{R}_D$	CP	J	K	Q^{n+1}	$\overline{Q}^{n+1}$
0	1	×	×	×	1	0
1	0	×	×	×	0	1
0	0	×	×	×	不定	不定
1	1	↓	0	0	Q^n	$\overline{Q}^n$
1	1	↓	1	0	1	0
1	1	↓	0	1	0	1
1	1	↓	1	1	$\overline{Q}^n$	Q^n
1	1	↑	×	×	Q^n	$\overline{Q}^n$

3. D 触发器

在输入信号为单端的情况下,D 触发器用起来最为方便,其状态方程为:$Q^{n+1}=D$,若其输出状态的更新发生在 CP 脉冲的上升沿,则称为上升沿触发的边沿触发器。反之,称为下降沿触发的边沿触发器。触发器的状态只取决于时钟到来前 D 端的状态。D 触发器的应用很广,可用作数字信号的寄存、移位寄存、分频和波形发生等。有很多种型号可供各种用途的需要而选用。如双 D 74LS74、四 D 74LS175、六 D 74LS174 等。图 3.1.6-3 所示为双 D 74LS74 的引脚排列及逻辑符号,其功能如表 3.1.6-3 所示,属于上升沿触发的边沿触发器。

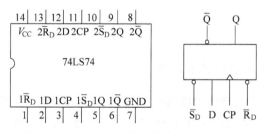

图 3.1.6-3　74LS74 的引脚排列及逻辑符号

表 3.1.6-3　74LS74 的功能表

输入				输出	
$\overline{S}_D$	$\overline{R}_D$	CP	D	Q^{n+1}	$\overline{Q}^{n+1}$
0	1	×	×	1	0
1	0	×	×	0	1
0	0	×	×	不定	不定
1	1	↑	1	1	0
1	1	↑	0	0	1
1	1	↓	×	Q^n	$\overline{Q}^n$

4. 触发器之间的相互转换

T 触发器的功能如表 3.1.6-4 所示。由功能表可见,当 T＝0 时,时钟脉冲作用后,其状态保持不变;当 T＝1 时,时钟脉冲作用后,触发器状态翻转。所以,若将 T 触发器的 T 端置"1",即得 T′ 触发器。在 T′ 触发器的 CP 端每来一个 CP 脉冲信号,触发器的状态就翻转一次,故称之为反转触发器。它广泛用于计数电路中。

表 3.1.6-4　T 触发器的功能表

输　入				输　出
$\bar{S}_D$	$\bar{R}_D$	CP	T	Q^{n+1}
0	1	×	×	1
1	0	×	×	0
1	1	↓	0	Q^n
1	1	↓	1	$\bar{Q}^n$

三、 实验设备与元器件

1. ＋5V 直流电源。
2. 双踪示波器。
3. 连续脉冲源、单次脉冲源、逻辑电平开关、逻辑电平显示器。
4. 74LS112、74LS00、74LS74。

四、 实验内容

1. 测试基本 RS 触发器的逻辑功能

按图 3.1.6-1,用两个与非门组成基本 RS 触发器,输入端 $\bar{R}$、$\bar{S}$ 接逻辑开关的输出插口,输出端 Q、$\bar{Q}$ 接逻辑电平显示输入插口,按表 3.1.6-5 的要求测试并记录。

表 3.1.6-5　基本 RS 触发器逻辑功能记录表

$\bar{R}$	$\bar{S}$	Q	$\bar{Q}$
1	1→0		
	0→1		
1→0	1		
0→1			
0	0		

2. 测试双 JK 触发器 74LS112 的逻辑功能

（1）测试 $\overline{R}_D$、$\overline{S}_D$ 的复位、置位功能

任取一只 JK 触发器，$\overline{R}_D$、$\overline{S}_D$、J、K 端接逻辑开关输出插口，CP 端接单次脉冲源，Q、$\overline{Q}$ 端接至逻辑电平显示输入插口。要求改变 $\overline{R}_D$、$\overline{S}_D$（J、K、CP 处于任意状态），并在 $\overline{R}_D=0$（$\overline{S}_D=1$）或 $\overline{S}_D=0$（$\overline{R}_D=1$）作用期间任意改变 J、K 及 CP 的状态，观察 Q、$\overline{Q}$ 的状态。自拟表格记录。

（2）测试 JK 触发器的逻辑功能

按表 3.1.6-6 的要求改变 J、K、CP 端状态，观察 Q、$\overline{Q}$ 的状态变化，观察触发器状态更新是否发生在 CP 脉冲的下降沿（即 CP 由 1→0），自拟表格记录。

表 3.1.6-6　JK 触发器的逻辑功能记录表

J K	CP	Q^{n+1}	
		$Q^n=0$	$Q^n=1$
0 0	0→1		
	1→0		
0 1	0→1		
	1→0		
1 0	0→1		
	1→0		
1 1	0→1		
	1→0		

（3）将 JK 触发器的 J、K 端连在一起，构成 T 触发器

在 CP 端输入 1Hz 连续脉冲，观察 Q 端的变化。在 CP 端输入 1kHz 连续脉冲，用双踪示波器观察 CP、Q、$\overline{Q}$ 端波形，描绘变化波形。

3. 测试双 D 触发器 74LS74 的逻辑功能

（1）测试 $\overline{R}_D$、$\overline{S}_D$ 的复位、置位功能

测试方法同实验内容 2(1)，自拟表格记录。

（2）测试 D 触发器的逻辑功能

按表 3.1.6-7 的要求进行测试，并观察触发器状态更新是否发生在 CP 脉冲的上升沿（即由 0→1），记录。

表 3.1.6-7　D 触发器的逻辑功能记录表

D	CP	Q^{n+1}	
		$Q^n=0$	$Q^n=1$
0	0→1		
	1→0		
1	0→1		
	1→0		

(3) 将 D 触发器的 $\overline{Q}$ 端与 D 端相连接,构成 T' 触发器

测试方法同实验内容 2(3),自拟表格记录。

五、 实验注意事项

注意处理好触发器的直接复位(置"0")端 $\overline{R}_D$ 和直接置位(置"1")端 $\overline{S}_D$。

六、 预习与思考题

1. 复习有关触发器内容。

2. 列出各触发器功能测试表格。

3. 按实验内容 2、3 的要求设计线路,拟定实验方案。

4. 利用普通的机械开关组成的数据开关所产生的信号是否可作为触发器的时钟脉冲信号? 为什么? 是否可以用作触发器的其他输入端的信号? 为什么?

七、 实验报告要求

1. 列表整理各类触发器的逻辑功能。

2. 总结观察到的波形,说明触发器的触发方式。

3. 体会触发器的应用。

实验七　计数器及其应用

一、 实验目的

1. 学习用集成触发器构成计数器的方法。

2. 掌握中规模集成计数器的使用及功能测试方法。

3. 运用集成计数器构成 1/N 分频器。

二、 实验原理

计数器是一种用以实现计数功能的时序部件,它不仅可用来计算脉冲数,还可实现数字系统的定时、分频和执行数字运算以及其他特定的逻辑功能。

计数器种类很多。按构成计数器中的各触发器是否使用一个时钟脉冲源来分,有同步计数器和异步计数器;根据计数制的不同,分为二进制计数器、十进制计数器和任意进制计数器;根据计数的增减趋势,又分为加法、减法和可逆计数器。还有可预置数和可编程序功能计数器等。目前,无论是 TTL 还是 CMOS 集成电路,都有品种较齐全的中规模集成计数器。使用者只要借助于器件手册提供的功能表和工作波形图以及引出端的排列,就能正确

地运用这些器件。

1. 用 D 触发器构成异步二进制加/减计数器

图 3.1.7-1 所示为用四个 D 触发器构成的四位二进制异步加法计数器,它的连接特点是将每个 D 触发器接成 T' 触发器,再由低位触发器的 $\overline{Q}$ 端和高一位的 CP 端相连接。

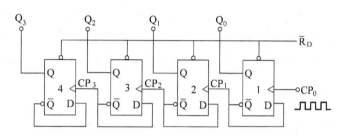

图 3.1.7-1　四位二进制异步加法计数器

若将图 3.1.7-1 稍加改动,即将低位触发器的 Q 端与高一位的 CP 端相连接,就构成了一个 4 位二进制减法计数器。

2. 中规模十进制计数器

CC40192 是同步十进制可逆计数器,具有双时钟输入,并具有清除和置数等功能,其引脚排列及逻辑符号如图 3.1.7-2 所示。

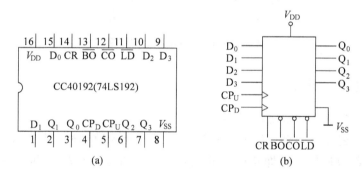

图 3.1.7-2　CC40192 的引脚排列及逻辑符号

其中,$\overline{LD}$ 为置数端,CP_U 为加计数端,CP_D 为减计数端,$\overline{CD}$ 为非同步进位输出端,$\overline{BO}$ 为非同步借位输出端。CC40192(同 74LS192,二者可互换使用)的功能如表 3.1.7-1 所示。

表 3.1.7-1　CC40192 的功能表

输　　　入								输　　　出			
CR	$\overline{LD}$	CP_U	CP_D	D_3	D_2	D_1	D_0	Q_3	Q_2	Q_1	Q_0
1	×	×	×	×	×	×	×	0	0	0	0
0	0	×	×	d	c	b	a	d	c	b	a
0	1	↑	1	×	×	×	×	加　计　数			
0	1	1	↑	×	×	×	×	减　计　数			

表 3.1.7-2 所示为 8421 码十进制加、减计数器的状态转换表。

表 3.1.7-2　十进制可逆计数器的 8421 码状态转换表

输入脉冲数		0	1	2	3	4	5	6	7	8	9
输出	Q_3	0	0	0	0	0	0	0	0	1	1
	Q_2	0	0	0	0	1	1	1	1	0	0
	Q_1	0	0	1	1	0	0	1	1	0	0
	Q_0	0	1	0	1	0	1	0	1	0	1

3. 计数器的级联使用

一个十进制计数器只能表示 0~9 十个数，为了扩大计数范围，常将多个十进制计数器级联使用。图 3.1.7-3 所示是由 CC40192 利用进位输出 $\overline{CO}$ 控制高一位的 CP_U 端构成的加法计数器级联图。

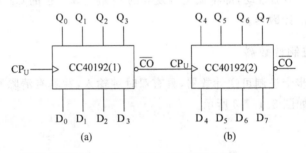

图 3.1.7-3　CC40192 级联电路

4. 实现任意进制计数

（1）用复位法获得任意进制计数器

假定已有 N 进制计数器，而需要得到一个 M 进制计数器时，只要 $M < N$，用复位法使计数器计数到 M 时置"0"，即获得 M 进制计数器。如图 3.1.7-4 所示为一个由 CC40192 十进制计数器接成的六进制计数器。

（2）利用预置功能获得 M 进制计数器

图 3.1.7-5 所示为用三个 CC40192 组成的 421 进制计数器。外加的由与非门构成的锁存器可以克服器件计数速度的离散性，保证在反馈置"0"信号作用下计数器可靠置"0"。

图 3.1.7-6 所示为一个特殊 12 进制的计数器电路方案。在数字钟中，对时位的计数序列是 1、2、…、11、12、1、…是 12 进制的，且无 0 数。如图所示，当计数到 13 时，通过与非门产

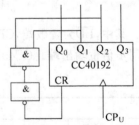

图 3.1.7-4　六进制计数器

生一个复位信号，使 CC40192(2)（时十位）直接置成 0000，而 CC40192(1)，即时的个位直接置成 0001，从而实现了 1~12 计数。

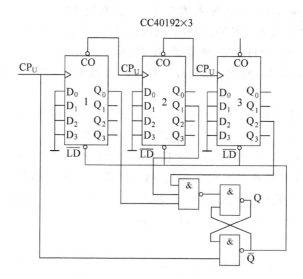

图 3.1.7-5　421 进制计数器

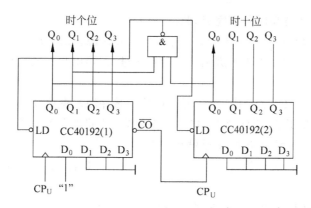

图 3.1.7-6　特殊 12 进制计数器

三、实验设备与元器件

1. ＋5V 直流电源。

2. 双踪示波器。

3. 连续脉冲源、单次脉冲源、逻辑电平开关、逻辑电平显示器、译码显示器。

4. CC4013 × 2（74LS74）、CC40192 × 3（74LS192）、CC4011（74LS00）、CC4012（74LS20）。

四、实验内容

1. 用 CC4013 或 74LS74 D 触发器构成 4 位二进制异步加法计数器。

（1）按图 3.1.7-1 接线，$\overline{R}_D$ 接至逻辑开关输出插口，将低位 CP_0 端接单次脉冲源，输出

端 Q_3、Q_2、Q_1、Q_0 接逻辑电平显示输入插口,各 $\overline{S}_D$ 接高电平"1"。

(2) 清零后逐个送入单次脉冲,观察并列表记录 $Q_3 \sim Q_0$ 的状态。

(3) 将单次脉冲改为 1Hz 的连续脉冲,观察 $Q_3 \sim Q_0$ 的状态。

(4) 将 1Hz 的连续脉冲改为 1kHz,用双踪示波器观察 CP、Q_3、Q_2、Q_1、Q_0 端波形并描绘。

(5) 将图 3.1.7-1 电路中低位触发器的 Q 端与高一位的 CP 端相连接,构成减法计数器,按实验内容 1 中(2)、(3)、(4)进行实验,观察并列表记录 $Q_3 \sim Q_0$ 的状态。

2. 测试 CC40192 或 74LS192 同步十进制可逆计数器的逻辑功能。

计数器芯片的计数脉冲由单次脉冲源提供,清除端 CR、置数端 $\overline{LD}$ 及数据输入端 D_3、D_2、D_1、D_0 都与逻辑开关相连,输出端 Q_3、Q_2、Q_1、Q_0 与译码显示器输入端 A、B、C、D 对应相接;$\overline{CO}$ 和 $\overline{BO}$ 都与逻辑电平显示位相接。按表 3.1.7-1 逐项测试并判断该集成块的功能是否正常。

(1) 清除:令 CR=1,其他输入为任意态,这时 $Q_3Q_2Q_1Q_0=0000$,译码数字显示为 0。清除功能完成后,置 CR=0。

(2) 置数:CR=0,CP_U、CP_D 任意,数据输入端输入任意一组二进制数,令 $\overline{LD}=0$,观察计数译码显示输出,预置功能是否完成,此后置 $\overline{LD}=1$。

(3) 加计数:CR=0,$\overline{LD}=CP_D=1$,CP_U 接单次脉冲源。清零后送入 10 个单次脉冲,观察译码数字显示是否按 8421 码十进制状态转换表进行;输出状态变化是否发生在 CP_U 的上升沿。

(4) 减计数:CR=0,$\overline{LD}=CP_U=1$,CP_D 接单次脉冲源。参照(3)进行实验。

3. 如图 3.1.7-3 所示,用两片 CC40192 组成两位十进制加法计数器,输入 1Hz 连续计数脉冲,进行由 00~99 累加计数,记录结果。

4. 将两位十进制加法计数器改为两位十进制减法计数器,实现由 99~00 递减计数,记录结果。

5. 按图 3.1.7-4 所示电路进行实验,记录结果。

6. 按图 3.1.7-5,或图 3.1.7-6 进行实验,记录结果。

7. 设计一个数字钟秒位的 60 进制计数器并进行实验,记录结果。

五、 实验注意事项

要特别注意计数器的清除和置数端的工作方式是同步还是异步的。同步工作方式是指 CP 计数脉冲到来时,才能完成清零和置数的任务;而异步时无须 CP 计数脉冲配合,即与 CP 计数脉冲无关。

六、 预习与思考题

1. 复习有关计数器部分内容,绘出各实验内容的详细线路图。

2. 拟出各实验内容所需的测试记录表格。

3. 查阅并熟悉实验所用各集成块的引脚排列图。

4. 用复位法(反馈清零法)如何将 CC40192 十进制计数器接成 9 进制计数器?

七、 实验报告要求

1. 画出实验线路图,记录、整理实验现象及实验所得的有关波形。对实验结果进行分析。
2. 总结使用集成计数器的体会。

实验八 移位寄存器及其应用

一、 实验目的

1. 掌握中规模 4 位双向移位寄存器的逻辑功能及使用方法。
2. 熟悉移位寄存器的应用——实现数据的串行、并行转换和构成环形计数器。

二、 实验原理

1. 移位寄存器

移位寄存器是一个具有移位功能的寄存器,根据移位寄存器存取信息方式的不同,分为串入串出、串入并出、并入串出、并入并出四种形式。本实验选用的 4 位双向通用移位寄存器,型号为 CC40194 或 74LS194,两者功能相同,可互换使用,其逻辑符号及引脚排列如图 3.1.8-1 所示。

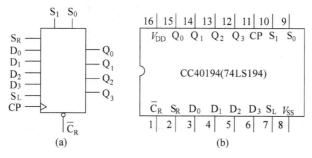

图 3.1.8-1 CC40194 的逻辑符号及引脚功能

图中 D_0、D_1、D_2、D_3 为并行输入端;Q_0、Q_1、Q_2、Q_3 为并行输出端;S_R 为右移串行输入端,S_L 为左移串行输入端;S_1、S_0 为操作模式控制端;$\overline{C}_R$ 为直接无条件清零端;CP 为时钟脉冲输入端。CC40194 有 5 种不同操作模式,即并行送数寄存、右移(方向由 $Q_0 \to Q_3$)、左移(方向由 $Q_3 \to Q_0$)、保持及清零。S_1、S_0 和 $\overline{C}_R$ 端的控制作用见 CC40194(74LS194)功能表 3.1.8-1。

表 3.1.8-1　CC40194(74LS194)功能表

功能	输入									输出			
	CP	$\overline{C}_R$	S_1	S_0	S_R	S_L	D_0	D_1	D_2	D_3	Q_0	Q_1	Q_2	Q_3
清除	×	0	×	×	×	×	×	×	×	×	0	0	0	0
送数	↑	1	1	1	×	×	a	b	c	d	a	b	c	d
右移	↑	1	0	1	D_{SR}	×	×	×	×	×	D_{SR}	Q_0	Q_1	Q_2
左移	↑	1	1	0	×	D_{SL}	×	×	×	×	Q_1	Q_2	Q_3	D_{SL}
保持	↑	1	0	0	×	×	×	×	×	×	Q_0^n	Q_1^n	Q_2^n	Q_3^n
保持	↓	1	×	×	×	×	×	×	×	×	Q_0^n	Q_1^n	Q_2^n	Q_3^n

2. 移位寄存器的应用

移位寄存器应用范围很广,可构成移位寄存器型计数器、顺序脉冲发生器、串行累加器。可用作数据转换,即把串行数据转换为并行数据,或把并行数据转换为串行数据等。本实验研究移位寄存器用作环形计数器和数据的串/并行转换。

(1) 环形计数器

把移位寄存器的输出反馈到它的串行输入端,就可以进行循环移位。如图 3.1.8-2 所示,把输出端 Q_3 和右移串行输入端 S_R 相连接,设初始状态 $Q_0Q_1Q_2Q_3 = 1000$,则在时钟脉冲作用下 $Q_0Q_1Q_2Q_3$ 将依次变为 0100→0010→0001→1000→…,如表 3.1.8-2 所示,可见它是一个具有四个有效状态的计数器,这种类型的计数器通常称为环形计数器。图 3.1.8-2 所示电路可以由各个输出端输出在时间上有先后顺序的脉冲,因此也可作为顺序脉冲发生器。如果将输出 Q_0 与左移串行输入端 S_L 相连接,即可实现左移循环移位。

表 3.1.8-2　四个有效状态的计数器

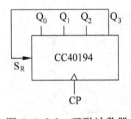

图 3.1.8-2　环形计数器

CP	Q_0	Q_1	Q_2	Q_3
0	1	0	0	0
1	0	1	0	0
2	0	0	1	0
3	0	0	0	1

(2) 实现数据串/并行转换

① 串行/并行转换器

串行/并行转换是指串行输入的数码,经转换电路之后变换成并行输出。图 3.1.8-3 所示为用二片 CC40194(74LS194)四位双向移位寄存器组成的七位串/并行数据转换电路。

电路中 S_0 端接高电平 1,S_1 受 Q_7 控制,二片寄存器连接成串行输入右移工作模式。Q_7 是转换结束标志。当 $Q_7 = 1$ 时,S_1 为 0,使之成为 $S_1S_0 = 01$ 的串入右移工作方式;当 $Q_7 = 0$ 时,$S_1 = 1$,有 $S_1S_0 = 10$,则串行送数结束,标志着串行输入的数据已转换成并行输出了。

串行/并行转换的具体过程如下:

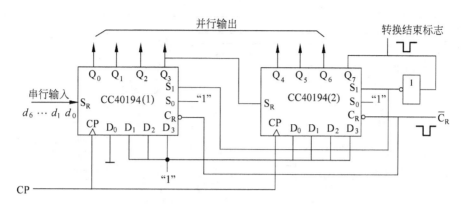

图 3.1.8-3 七位串行/并行转换器

转换前，$\overline{C}_R$ 端加低电平，使 1、2 两片寄存器的内容清零，此时 $S_1S_0 = 11$，寄存器执行并行输入工作方式。当第一个 CP 脉冲到来后，寄存器的输出状态 $Q_0 \sim Q_7$ 为 01111111，与此同时 S_1S_0 变为 01，转换电路变为执行串入右移工作方式，串行输入数据由 1 片的 S_R 端加入。随着 CP 脉冲的依次加入，输出状态的变化可列成表 3.1.8-3 所示。

表 3.1.8-3　输出状态表

CP	Q_0	Q_1	Q_2	Q_3	Q_4	Q_5	Q_6	Q_7	说明
0	0	0	0	0	0	0	0	0	清零
1	0	1	1	1	1	1	1	1	送数
2	d_0	0	1	1	1	1	1	1	右移操作七次
3	d_1	d_0	0	1	1	1	1	1	
4	d_2	d_1	d_0	0	1	1	1	1	
5	d_3	d_2	d_1	d_0	0	1	1	1	
6	d_4	d_3	d_2	d_1	d_0	0	1	1	
7	d_5	d_4	d_3	d_2	d_1	d_0	0	1	
8	d_6	d_5	d_4	d_3	d_2	d_1	d_0	0	
9	0	1	1	1	1	1	1	1	送数

由表 3.1.8-3 可见，右移操作七次之后，Q_7 变为 0，S_1S_0 又变为 11，说明串行输入结束。这时，串行输入的数码已经转换成了并行输出了。当再来一个 CP 脉冲时，电路又重新执行一次并行输入，为第二组串行数码转换做好了准备。

② 并行/串行转换器

并行/串行转换器是指并行输入的数码经转换电路之后，换成串行输出。图 3.1.8-4 所示为用两片 CC40194(74LS194)组成的七位并行/串行转换电路，它比图 3.1.8-3 多了两只与非门 G_1 和 G_2，电路工作方式同样为右移。

寄存器清零后，加一个转换起动信号（负脉冲或低电平）。此时，由于方式控制 S_1S_0 为 11，转换电路执行并行输入操作。当第一个 CP 脉冲到来后，$Q_0Q_1Q_2Q_3Q_4Q_5Q_6Q_7$ 的状态

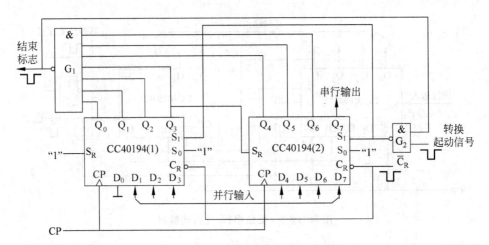

图 3.1.8-4　七位并行/串行转换器

为 $0D_1 D_2 D_3 D_4 D_5 D_6 D_7$,并行输入数码存入寄存器。从而使得 G_1 输出为 1, G_2 输出为 0,结果,$S_1 S_2$ 变为 01,转换电路随着 CP 脉冲的加入,开始执行右移串行输出。随着 CP 脉冲的依次加入,输出状态依次右移。待右移操作七次后,$Q_0 \sim Q_6$ 的状态都为高电平 1,与非门 G_1 输出为低电平,G_2 门输出为高电平,$S_1 S_2$ 又变为 11,表示并/串行转换结束,且为第二次并行输入创造了条件。转换过程如表 3.1.8-4 所示。

表 3.1.8-4　状态转换表

CP	Q_0	Q_1	Q_2	Q_3	Q_4	Q_5	Q_6	Q_7	串　行　输　出						
0	0	0	0	0	0	0	0	0							
1	0	D_1	D_2	D_3	D_4	D_5	D_6	D_7							
2	1	0	D_1	D_2	D_3	D_4	D_5	D_6	D_7						
3	1	1	0	D_1	D_2	D_3	D_4	D_5	D_6	D_7					
4	1	1	1	0	D_1	D_2	D_3	D_4	D_5	D_6	D_7				
5	1	1	1	1	0	D_1	D_2	D_3	D_4	D_5	D_6	D_7			
6	1	1	1	1	1	0	D_1	D_2	D_3	D_4	D_5	D_6	D_7		
7	1	1	1	1	1	1	0	D_1	D_2	D_3	D_4	D_5	D_6	D_7	
8	1	1	1	1	1	1	1	0	D_1	D_2	D_3	D_4	D_5	D_6	D_7
9	0	D_1	D_2	D_3	D_4	D_5	D_6	D_7							

中规模集成移位寄存器,其位数往往以 4 位居多,当需要的位数多于 4 位时,可把几片移位寄存器用级联的方法来扩展位数。

三、　实验设备与元器件

1. ＋5V 直流电源。

2. 单次脉冲源、逻辑电平开关、逻辑电平显示器、译码显示器。

3. CC40194(74LS194)×2、CC4011(74LS00)×1、CC4068(74LS30)×1。

四、实验内容

1. 测试 CC40194（或 74LS194）的逻辑功能

按图 3.1.8-5 接线，$\overline{C}_R$、S_1、S_0、S_L、S_R、D_0、D_1、D_2、D_3 分别接至逻辑开关的输出插口；Q_0、Q_1、Q_2、Q_3 接至逻辑电平显示输入插口。CP 端接单次脉冲源。按表 3.1.8-5 所规定的输入状态，逐项进行测试。

（1）清除：令 $\overline{C}_R=0$，其他输入均为任意态，这时寄存器输出 Q_0、Q_1、Q_2、Q_3 应均为 0。清除后，置 $\overline{C}_R=1$。

（2）送数：令 $\overline{C}_R=S_1=S_0=1$，送入任意 4 位二进制数，如 $D_0D_1D_2D_3=abcd$，加 CP 脉冲，观察 CP=0、CP 由 0→1、CP 由 1→0 三种情况下寄存器输出状态的变化，观察寄存器输出状态变化是否发生在 CP 脉冲的上升沿。

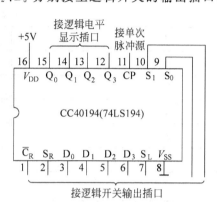

图 3.1.8-5　CC40194 逻辑功能测试

表 3.1.8-5　实验记录表

清除	模式		时钟	串行		输入				输出				功能总结
$\overline{C}_R$	S_1	S_0	CP	S_L	S_R	D_0	D_1	D_2	D_3	Q_0	Q_1	Q_2	Q_3	
0	×	×	×	×	×	×	×	×	×					
1	1	1	↑	×	×	a	b	c	d					
1	0	1	↑	×	0	×	×	×	×					
1	0	1	↑	×	1	×	×	×	×					
1	0	1	↑	×	0	×	×	×	×					
1	0	1	↑	×	0	×	×	×	×					
1	1	0	↑	1	×	×	×	×	×					
1	1	0	↑	1	×	×	×	×	×					
1	1	0	↑	1	×	×	×	×	×					
1	1	0	↑	1	×	×	×	×	×					
1	0	0	↑	×	×	×	×	×	×					

（3）右移：清零后，令 $\overline{C}_R=1$，$S_1=0$，$S_0=1$，由右移输入端 S_R 送入二进制数码如 0100，由 CP 端连续加 4 个脉冲，观察输出情况，记录结果。

（4）左移：先清零或预置，再令 $\overline{C}_R=1$，$S_1=1$，$S_0=0$，由左移输入端 S_L 送入二进制数码如 1111，连续加四个 CP 脉冲，观察输出端情况，记录结果。

（5）保持：寄存器预置任意 4 位二进制数码 abcd，令 $\overline{C}_R=1$，$S_1=S_0=0$，加 CP 脉冲，观

察寄存器输出状态,记录结果。

2. 环形计数器

自拟实验线路用并行送数法预置寄存器为某二进制数码(如 0100),然后进行右移循环,观察寄存器输出端状态的变化,记入表 3.1.8-6 中。

表 3.1.8-6　实验记录表

CP	Q_0	Q_1	Q_2	Q_3
0	0	1	0	0
1				
2				
3				
4				

3. 实现数据的串行/并行转换

(1) 串行输入、并行输出

按图 3.1.8-3 接线,进行右移串入、并出实验,串入数码自定;改接线路用左移方式实现并行输出。自拟表格记录。

(2) 并行输入、串行输出

按图 3.1.8-4 接线,进行右移并入、串出实验,并入数码自定。再改接线路用左移方式实现串行输出。自拟表格记录。

五、 实验注意事项

注意 CC40194 有不同操作模式,其操作模式控制端 S_1、S_0 的取值是不同的;左移、右移操作模式下,其串行数据输入端是不同的。

六、 预习与思考题

1. 复习寄存器及串行、并行转换器有关内容。

2. 查阅 CC40194、CC4011 及 CC4068 逻辑线路,熟悉其逻辑功能及引脚排列。

3. 在对 CC40194 进行送数后,若要使输出端改成另外的数码,是否一定要使寄存器清零?

4. 使寄存器清零,除采用 $\overline{C}_R$ 输入低电平外,可否采用右移或左移的方法? 可否使用并行送数法? 若可行,如何进行操作?

5. 若进行循环左移,图 3.1.8-4 中的接线应如何改接?

6. 画出用两片 CC40194 构成的七位左移串/并行转换器线路。

7. 画出用两片 CC40194 构成的七位左移并/串行转换器线路。

七、 实验报告要求

1. 分析表 3.1.8-4 的实验结果,总结移位寄存器 CC40194 的逻辑功能并写入表格功能总结一栏中。

2. 根据实验内容 2 的结果,画出 4 位环形计数器的状态转换图及波形图。

3. 分析串/并、并/串转换器所得结果的正确性。

实验九　555 时基电路及其应用

一、 实验目的

1. 熟悉 555 型集成时基电路的结构、工作原理及其特点。

2. 掌握 555 型集成时基电路的基本应用。

二、 实验原理

集成时基电路又称为集成定时器或 555 电路,是一种数字、模拟混合型的中规模集成电路,也是一种产生时间延迟和多种脉冲信号的电路,其应用十分广泛。有双极型和 CMOS 型两大类,二者的结构与工作原理类似,逻辑功能和引脚排列完全相同,易于互换。型号末尾的 555 和 7555 是单定时器、556 和 7556 是双定时器。双极型的电源电压 $V_{CC} = 5 \sim 15V$,输出的最大电流可达 200mA,CMOS 型的电源电压为 $3 \sim 18V$。

1. 555 电路的工作原理

555 电路的内部电路框图及引脚排列如图 3.1.9-1 所示。它含有两个电压比较器,一个基本 RS 触发器,一个放电开关管 T。比较器的参考电压由三只 $5k\Omega$ 的电阻器构成的分压器提供。$\overline{R}_D$ 是复位端(4 脚),当 $\overline{R}_D = 0$ 时,555 输出低电平。平时 $\overline{R}_D$ 端开路或接 V_{CC}。V_C 是控制电压端(5 脚),平时输出 $\frac{2}{3} V_{CC}$ 作为比较器 A_1 的参考电平,当 5 脚外接一个输入电压,即改变了比较器的参考电平,从而实现对输出的另一种控制;在不接外加电压时,通常接一个 $0.01\mu F$ 的电容器到地,起滤波作用,以消除外来的干扰,确保参考电平的稳定。T 为放电管,当 T 导通时,将给接于脚 7 的电容器提供低阻放电通路。

555 定时器主要与电阻、电容构成充放电电路,并由两个比较器来检测电容器上的电压,以确定输出电平的高低和放电开关管的通断。这就很方便地构成从微秒到数十分钟的延时电路,可方便地构成单稳态触发器、多谐振荡器、施密特触发器等脉冲产生或波形变换电路。

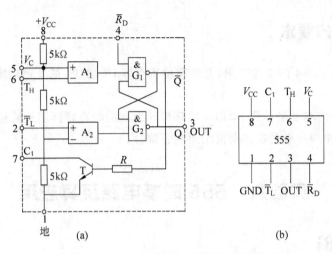

图 3.1.9-1 555 定时器内部框图及引脚排列

2. 555 定时器的典型应用

(1) 构成单稳态触发器

图 3.1.9-2(a)所示为由 555 定时器和外接定时元件 R、C 构成的单稳态触发器。触发电路由 C_1、R_1、D 构成,其中 D 为箝位二极管。稳态时 555 电路输入为电源电平,内部放电开关管 T 导通,输出端 F 输出低电平。当有一个外部负脉冲触发信号经 C_1 加到 2 端,并使 2 端电位瞬时低于 $\frac{1}{3}V_{cc}$,低电平比较器动作,单稳态电路即开始一个暂态过程,电容 C 开始充电,V_c 按指数规律增长。当 V_c 充电到 $\frac{2}{3}V_{cc}$ 时,高电平比较器动作,比较器 A_1 翻转,输出 V_0 从高电平返回低电平,放电开关管 T 重新导通,电容 C 放电,暂态结束,恢复稳态,为下个触发脉冲的到来作好准备。其波形如图 3.1.9-2(b)所示。

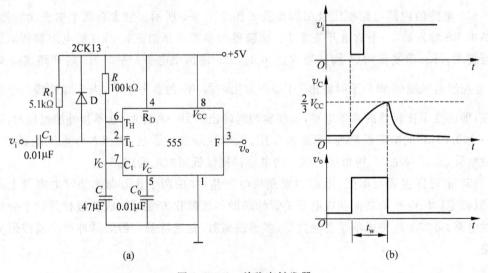

图 3.1.9-2 单稳态触发器

暂稳态的持续时间 $t_w = 1.1RC$（即为延时时间），通过改变 R、C 的大小，可使延时时间在几微秒到几十分钟之间变化。

（2）构成多谐振荡器

如图 3.1.9-3（a）所示，由 555 定时器和外接元件 R_1、R_2、C 构成多谐振荡器，2 脚与 6 脚直接相连。电路仅存在两个暂稳态，且不需要外加触发信号，利用电源通过 R_1、R_2 向 C 充电，以及 C 通过 R_2 向放电端 C_t 放电，使电路产生振荡。电容 C 在 $\frac{1}{3}V_{CC}$ 和 $\frac{2}{3}V_{CC}$ 之间充电和放电，其波形如图 3.1.9-3（b）所示。输出信号的时间参数分别是：$T = t_{w1} + t_{w2}$，$t_{w1} = 0.7(R_1 + R_2)C$，$t_{w2} = 0.7R_2C$。

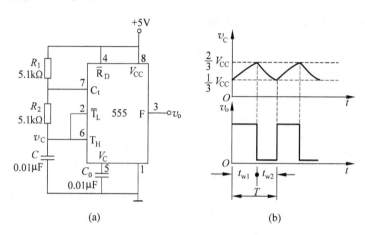

图 3.1.9-3　多谐振荡器

（3）构成占空比可调的多谐振荡器

电路如图 3.1.9-4 所示，它比图 3.1.9-3 所示电路增加了一个电位器和两个导引二极管。D_1、D_2 用来决定电容充、放电电流流经电阻的途径（充电时 D_1 导通，D_2 截止；放电时 D_2 导通，D_1 截止）。占空比 $P = \dfrac{t_{w1}}{t_{w1} + t_{w2}} \approx \dfrac{R_A}{R_A + R_B}$。

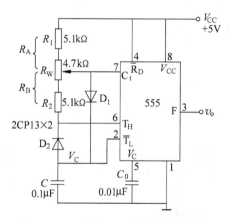

图 3.1.9-4　占空比可调的多谐振荡器

（4）构成占空比连续可调并能调节振荡频率的多谐振荡器

电路如图 3.1.9-5 所示。对 C_1 充电时，充电电流通过 R_1、D_1、R_{W2} 和 R_{W1}；放电时通过 R_{W1}、R_{W2}、D_2、R_2。当 $R_1 = R_2$，R_{W2} 调至中心点时，因充放电时间基本相等，其占空比约为 50%，此时调节 R_{W1} 仅改变频率，占空比不变。如 R_{W2} 调至偏离中心点，再调节 R_{W1}，不仅振荡频率改变，而且对占空比也有影响。R_{W1} 不变，调节 R_{W2}，仅改变占空比，对频率无影响。因此，当接通电源后，应首先调节 R_{W1} 使频率至规定值，再调节 R_{W2}，以获得需要的占空比。若频率调节的范围比较大，还可以用波段开关改变 C_1 的值。

（5）组成施密特触发器

电路如图 3.1.9-6 所示，只要将脚 2、6 连在一起作为信号输入端，即得到施密特触发器。图 3.1.9-7 所示为 v_S，v_i 和 v_o 的波形图。

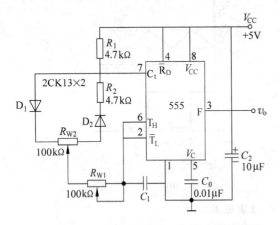

图 3.1.9-5　占空比与频率均可调的多谐振荡器

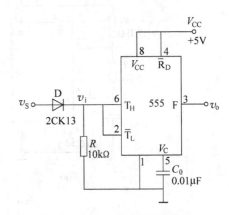

图 3.1.9-6　施密特触发器

设被整形变换的电压为正弦波 v_S，其正半波通过二极管 D 同时加到 555 定时器的 2 脚和 6 脚，得 v_i 为半波整流波形。当 v_i 上升到 $\frac{2}{3}V_{CC}$ 时，v_o 从高电平翻转为低电平；当 v_i 下降到 $\frac{1}{3}V_{CC}$ 时，v_o 又从低电平翻转为高电平。该电路的电压传输特性曲线如图 3.1.9-8 所示。回差电压 $\Delta v = \frac{2}{3}V_{CC} - \frac{1}{3}V_{CC} = \frac{1}{3}V_{CC}$。

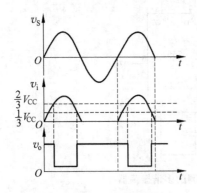

图 3.1.9-7　波形变换图

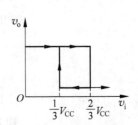

图 3.1.9-8　电压传输特性曲线

三、 实验设备与元器件

1. ＋5V 直流电源。
2. 双踪示波器、数字频率计。
3. 连续脉冲源、单次脉冲源、逻辑电平显示器、音频信号源。
4. 555×2、$2CK13 \times 2$、电位器、电阻、电容若干。

四、 实验内容

1. 单稳态触发器

(1) 按图 3.1.9-2 连线，取 $R = 100\text{k}\Omega$，$C = 47\mu\text{F}$，输入信号 v_i 由单次脉冲源提供，用双踪示波器观测 v_i、v_C、v_o 的波形。测定幅度与暂稳时间。

(2) 将 R 改为 $1\text{k}\Omega$，C 改为 $0.1\mu\text{F}$，输入端加 1kHz 的连续脉冲，观测 v_i、v_C、v_o 的波形，测定幅度及暂稳时间。

2. 多谐振荡器

(1) 按图 3.1.9-3 接线，用双踪示波器观测 v_C 与 v_o 的波形，测定频率。

(2) 按图 3.1.9-4 接线，组成占空比为 50% 的方波信号发生器。观测 v_C，v_o 的波形，测定波形参数。

(3) 按图 3.1.9-5 接线，通过调节 R_{w1} 和 R_{w2} 来观测输出波形。

3. 施密特触发器

按图 3.1.9-6 接线，输入信号由音频信号源提供。预先调好 v_S 的频率为 1kHz，接通电源，逐渐加大 v_S 的幅度，观测输出波形，测绘电压传输特性，算出回差电压 ΔU。

五、 实验注意事项

注意 555 定时器电源和接地端的管脚排列和 TTL 或 CMOS 集成电路的电源和接地端的管脚排列的异同。

六、 预习与思考题

1. 复习有关 555 定时器的工作原理及其应用。
2. 拟定各次实验的步骤和方法及所需的记录表格。
3. 如何用示波器测定施密特触发器的电压传输特性曲线？

七、 实验报告要求

1. 绘出详细的实验线路图，定量绘出观测到的波形。

2. 分析、总结实验结果。

实验十   D/A 和 A/D 转换器

一、实验目的

1. 了解 D/A 和 A/D 转换器的工作原理和基本结构。
2. 掌握大规模集成 D/A 和 A/D 转换器的功能及其典型应用。

二、实验原理

把模拟量转换为数字量的电路,称为模/数转换器(A/D 转换器,简称 ADC);把数字量转换成模拟量的电路,称为数/模转换器(D/A 转换器,简称 DAC)。本实验采用大规模集成电路 DAC0832 实现 D/A 转换,ADC0809 实现 A/D 转换。

1. D/A 转换器 DAC0832

DAC0832 是采用 CMOS 工艺制成的单片电流输出型 8 位数/模转换器。图 3.1.10-1 所示为 DAC0832 的逻辑框图及引脚排列。

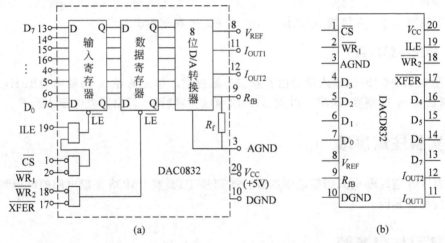

图 3.1.10-1   DAC0832 单片 D/A 转换器逻辑框图和引脚排列

DAC0832 的引脚功能说明如下:

$D_0 \sim D_7$:数字信号输入端;

ILE:输入寄存器允许,高电平有效;

$\overline{CS}$:片选信号,低电平有效;

$\overline{WR_1}$:写信号 1,低电平有效;

$\overline{XFER}$:传送控制信号,低电平有效;

$\overline{WR_2}$:写信号 2,低电平有效;

I_{OUT1}、I_{OUT2}：DAC 电流输出端；

R_{fB}：反馈电阻，是集成在片内的外接运放的反馈电阻；

V_{REF}：基准电压（−10～10V）；

V_{CC}：电源电压（5～15V）；

AGND：模拟地；

NGND：数字地。

DAC0832 输出的是电流，要转换为电压，还必须经过一个外接的运算放大器，实验线路如图 3.1.10-2 所示。

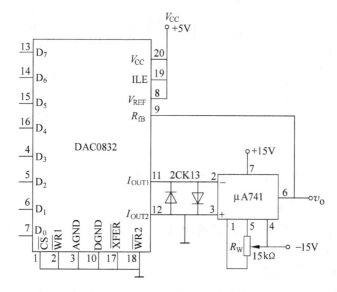

图 3.1.10-2　D/A 转换器实验线路

2. A/D 转换器 ADC0809

ADC0809 是采用 CMOS 工艺制成的单片 8 位 8 通道逐次渐近型模数转换器，其逻辑框图及引脚排列如图 3.1.10-3 所示。器件的核心部分是 8 位 A/D 转换器，它由比较器、逐次渐近寄存器、D/A 转换器及控制和定时 5 部分组成。

ADC0809 的引脚功能说明如下：

$IN_0 \sim IN_7$：8 路模拟信号输入端；

A_2、A_1、A_0：地址输入端；

ALE：地址锁存允许输入信号，在此脚施加正脉冲，上升沿有效，此时锁存地址码，从而选通相应的模拟信号通道，以便进行 A/D 转换；

START：起动信号输入端，应在此脚施加正脉冲，当上升沿到达时，内部逐次逼近寄存器复位，在下降沿到达后，开始 A/D 转换过程；

EOC：转换结束输出信号（转换结束标志），高电平有效；

OE：输入允许信号，高电平有效；

CLOCK(CP)：时钟信号输入端，外接时钟频率一般为 640kHz；

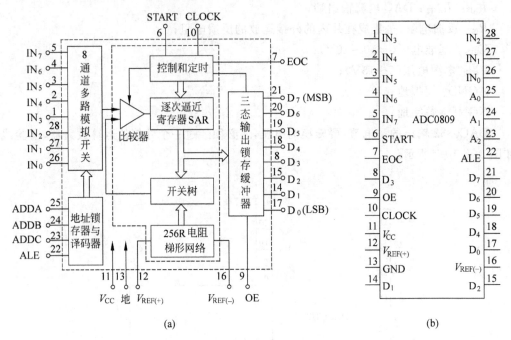

图 3.1.10-3　ADC0809 转换器逻辑框图及引脚排列

V_{CC}：$+5V$ 单电源供电；

$V_{REF}(+)$、$V_{REF}(-)$：基准电压的正极、负极，一般 $V_{REF}(+)$ 接 $+5V$ 电源，$V_{REF}(-)$ 接地；

$D_7 \sim D_0$：数字信号输出端。

(1) 模拟量输入通道选择

8 路模拟开关由 A_2、A_1、A_0 三地址输入端选通 8 路模拟信号中的任何一路进行 A/D 转换，地址译码与模拟输入通道的选通关系如表 3.1.10-1 所示。

表 3.1.10-1　地址译码与模拟输入通道的选通关系

被选模拟通道		IN_0	IN_1	IN_2	IN_3	IN_4	IN_5	IN_6	IN_7
地址	A_2	0	0	0	0	1	1	1	1
	A_1	0	0	1	1	0	0	1	1
	A_0	0	1	0	1	0	1	0	1

(2) D/A 转换过程

在起动端(START)加起动脉冲(正脉冲)，D/A 转换即开始。如将起动端(START)与转换结束端(EOC)直接相连，转换将是连续的，在用这种转换方式时，开始时应在外部加起动脉冲。

三、 实验设备与元器件

1. $+5V$、$\pm 15V$ 直流电源。

2. 双踪示波器、直流数字电压表。

3. 计数脉冲源、逻辑电平开关、逻辑电平显示器。

4. DAC0832、ADC0809、μA741,电位器、电阻、电容若干。

四、 实验内容

1. D/A 转换器——DAC0832

(1) 按图 3.1.10-2 接线,电路接成直通方式,即 $\overline{CS}$、$\overline{WR_1}$、$\overline{WR_2}$、$\overline{XFER}$ 接地;ALE、V_{CC}、V_{REF} 接 $+5V$ 电源;运放电源接 $\pm15V$;$D_0 \sim D_7$ 接逻辑开关的输出插口,输出端 v_0 接直流数字电压表。

(2) 令 $D_0 \sim D_7$ 全置零,调节运放的电位器使 μA741 输出为零。

(3) 按表 3.1.10-2 所列输入数字信号,用数字电压表测量运放的输出电压 V_0,将测量结果填入表中,并与理论值进行比较。

表 3.1.10-2　D/A 转换器实验记录

输　入　数　字　量								输出模拟量 V_0/V
D_7	D_6	D_5	D_4	D_3	D_2	D_1	D_0	$V_{CC}=+5V$
0	0	0	0	0	0	0	0	
0	0	0	0	0	0	0	1	
0	0	0	0	0	0	1	0	
0	0	0	0	0	1	0	0	
0	0	0	0	1	0	0	0	
0	0	0	1	0	0	0	0	
0	0	1	0	0	0	0	0	
0	1	0	0	0	0	0	0	
1	0	0	0	0	0	0	0	
1	1	1	1	1	1	1	1	

2. A/D 转换器——ADC0809

(1) 按图 3.1.10-4 接线。八路输入模拟信号 $1 \sim 4.5V$,由 $+5V$ 电源经电阻 R 分压组成;变换结果 $D_0 \sim D_7$ 接逻辑电平显示器输入插口,CP 时钟脉冲由计数脉冲源提供,取 $f = 100kHz$;$A_0 \sim A_2$ 地址端接逻辑电平输出插口。

(2) 接通电源后,在起动端(START)加一正单次脉冲,下降沿一到即开始 A/D 转换。

(3) 按表 3.1.10-3 的要求观察,记录 $IN_0 \sim IN_7$ 八路模拟信号的转换结果,将转换结果换算成十进制数表示的电压值,并与数字电压表实测的各路输入电压值进行比较,分析误差原因。

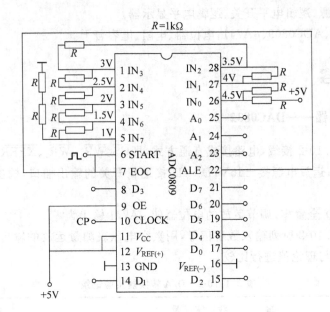

图 3.1.10-4　ADC0809 实验线路

表 3.1.10-3　A/D 转换器实验记录表

被选模拟通道	输入模拟量	地　址			输　出　数　字　量								
IN	V_i/V	A_2	A_1	A_0	D_7	D_6	D_5	D_4	D_3	D_2	D_1	D_0	十进制
IN_0	4.5	0	0	0									
IN_1	4.0	0	0	1									
IN_2	3.5	0	1	0									
IN_3	3.0	0	1	1									
IN_4	2.5	1	0	0									
IN_5	2.0	1	0	1									
IN_6	1.5	1	1	0									
IN_7	1.0	1	1	1									

五、实验注意事项

特别要注意运放电源接±15V。

六、预习与思考题

1. 复习 A/D、D/A 转换的工作原理。
2. 熟悉 ADC0809、DAC0832 各引脚的功能及使用方法。

3. 绘好完整的实验线路和所需的实验记录表格。

4. 如何拟定各个实验内容的具体实验方案？

七、 实验报告要求

整理实验数据，分析实验结果。

2 数字电子电路综合性设计性实验

实验一　组合逻辑电路的设计与测试

一、实验目的

掌握组合逻辑电路的设计与测试方法。

二、实验原理

1. 组合逻辑电路设计方法

使用中、小规模集成电路来设计组合电路是常见的逻辑设计问题。设计组合电路的一般步骤如图 3.2.1-1 所示。

根据设计任务的要求建立输入、输出变量，并列出真值表。然后用逻辑代数或卡诺图化简法求出简化的逻辑表达式，并按实际选用逻辑门的类型修改逻辑表达式。根据简化后的逻辑表达式，画出逻辑图，用标准器件构成逻辑电路。最后，用实验来验证设计的正确性。

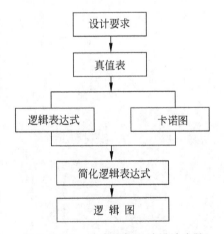

图 3.2.1-1　组合逻辑电路设计步骤

2. 组合逻辑电路设计举例

(1) 用"与非"门设计一个表决电路

用"与非"门设计一个表决电路，当四个输入端中有三个或四个为"1"时，输出端才为"1"。

设计步骤：根据题意列出真值表如表 3.2.1-1 所示，再填入图 3.2.1-2 所示的卡诺图中。由卡诺图得出逻辑表达式，并演化成"与非"的形式：

$$Z = ABC + BCD + ACD + ABD = \overline{\overline{ABC} \cdot \overline{BCD} \cdot \overline{ACD} \cdot \overline{ABD}}$$

根据逻辑表达式画出用"与非门"构成的逻辑电路如图 3.2.1-3 所示。

(2) 用实验验证逻辑功能

在实验装置适当位置选定三个 14P 插座，按照集成块定位标记插好集成块 CC4012。按图 3.2.1-3 接线，输入端 A、B、C、D 接至逻辑开关输出插口，输出端 Z 接逻辑电平显示输入插口,按真值表(自拟)要求,逐次改变输入变量,测量相应的输出值,验证逻辑功能,与表 3.2.1-1 进行比较,验证所设计的逻辑电路是否符合要求。

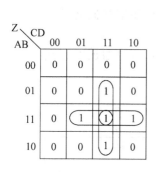

图 3.2.1-2　卡诺图

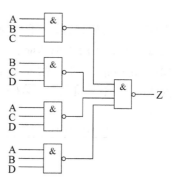

图 3.2.1-3　表决电路逻辑图

表 3.2.1-1　表决电路真值表

A	B	C	D	Z	A	B	C	D	Z
0	0	0	0	0	1	0	0	0	0
0	0	0	1	0	1	0	0	1	0
0	0	1	0	0	1	0	1	0	0
0	0	1	1	0	1	0	1	1	1
0	1	0	0	0	1	1	0	0	0
0	1	0	1	0	1	1	0	1	1
0	1	1	0	0	1	1	1	0	1
0	1	1	1	1	1	1	1	1	1

三、 实验设备与元器件

1. +5V 直流电源。

2. 逻辑电平开关、逻辑电平显示器。

3. 直流数字电压表。

4. CC4011 × 2(74LS00)、CC4012 × 3(74LS20)、74LS54 × 2(CC4085)、CC4001 (74LS02)、CC4030(74LS86)、CC4081(74LS08)。

四、 实验内容

1. 设计用与非门及用异或门、与门组成的半加器电路。要求按前文所述的设计步骤进行,直到测试电路逻辑功能符合设计要求为止。

2. 设计一个一位全加器,要求用异或门、与门、或门组成。

3. 设计一位全加器,要求用与或非门实现。

五、实验注意事项

1."与或非"门中,当某一组与端不用时,应接高电平,不能接低电平。

2.注意 74LS54 的逻辑功能。

74LS54 是四路 2-3-3-2 输入与或非门,其引脚排列和逻辑图如图 3.2.1-4 所示。其逻辑表达式为 $Y=\overline{AB+CDE+FGH+IJ}$。

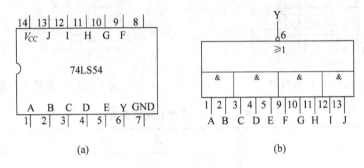

图 3.2.1-4　四路 2-3-3-2 输入与或非门 74LS54

(a) 引脚排列;(b) 逻辑图

六、预习与思考题

1.根据实验任务要求设计组合电路,并根据所给的标准器件画出逻辑图。

2.如何用最简单的方法验证"与或非"门的逻辑功能是否完好?

七、实验报告要求

1.列写实验任务的设计过程,画出设计的电路图。

2.对所设计的电路进行实验测试,记录测试结果。

3.总结组合电路设计体会。

实验二　智力竞赛抢答装置

一、实验目的

1.学习数字电路中 D 触发器、分频电路、多谐振荡器、CP 时钟脉冲源等单元电路的综合运用。

2.熟悉智力竞赛抢答器的工作原理。

3.了解简单数字系统实验、调试及故障排除方法。

二、 实验原理

图 3.2.2-1 所示为供四人用的智力竞赛抢答装置电路原理图,用以判断抢答优先权。图中 F_1 为四 D 触发器 74LS175,它具有公共置"0"端和公共 CP 端,引脚排列见附录;F_2 为双 4 输入与非门 74LS20;F_3 是由 74LS00 组成的多谐振荡器;F_4 是由 74LS74 组成的四分频电路。F_3、F_4 组成抢答电路中的 CP 时钟脉冲源。抢答开始时,由主持人清除信号,按下复位开关 S,74LS175 的输出 $Q_1 \sim Q_4$ 全为 0,所有发光二极管(LED)均熄灭。当主持人宣布"抢答开始"后,首先作出判断的参赛者立即按下开关,对应的发光二极管点亮,同时通过与非门 F_2 送出信号锁住其余三个抢答者的电路,不再接受其他信号,直到主持人再次清除信号为止。

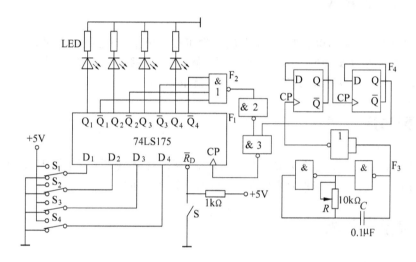

图 3.2.2-1　智力竞赛抢答装置原理图

三、 实验设备与元器件

1. ＋5V 直流电源。
2. 逻辑电平开关、逻辑电平显示器。
3. 双踪示波器、数字频率计、直流数字电压表。
4. 74LS175、74LS20、74LS74、74LS00。

四、 实验内容

1. 测试各触发器及各逻辑门的逻辑功能。

试测方法参照第 1 篇中实验二及实验九有关内容,判断器件的好坏。

2. 按图 3.2.2-1 接线,抢答器五个开关接实验装置上的逻辑开关,发光二极管接逻辑电平显示器。

3. 断开抢答器电路中 CP 脉冲源电路，单独对多谐振荡器 F_3 及分频器 F_4 进行调试，调整多谐振荡器 $10k\Omega$ 电位器，使其输出脉冲频率约 $4kHz$，观察 F_3 及 F_4 的输出波形并测试其频率。

4. 测试抢答器电路功能

接通 $+5V$ 电源，CP 端先接入实验装置上的连续脉冲源，设置频率约为 $1kHz$。

(1) 抢答开始前，开关 S_1、S_2、S_3、S_4 均置"0"，准备抢答，将开关 S 置"0"，发光二极管全熄灭，再将 S 置"1"。抢答开始，S_1、S_2、S_3、S_4 某一开关置"1"，观察发光二极管的亮、灭情况，然后再将其他三个开关中任一个置"1"，观察发光二极管的亮、灭有没有改变。

(2) 重复 (1) 的内容，改变 S_1、S_2、S_3、S_4 中任意一个开关状态，观察抢答器的工作情况。断开实验装置上的外接连续脉冲源，接入 F_3 及 F_4（自备脉冲源），再进行实验。

五、 实验注意事项

1. 使用 TTL 与非门电路时，其闲置输入端可接高电平，不能接低电平。
2. 注意处理好触发器的直接复位（置"0"）端 $\overline{R}_D$ 和直接置位（置"1"）端 $\overline{S}_D$。
3. 用发光二极管指示输出时，必须接入限流电阻。

六、 预习与思考题

若在图 3.2.2-1 所示电路中加一个计时功能，要求计时电路显示时间且精确到秒，最多限制为 2 分钟，一旦超出限时，则取消抢答权，电路如何改进？

七、 实验报告要求

1. 分析智力竞赛抢答装置各部分的功能及工作原理。
2. 总结数字系统的设计、调试方法。
3. 分析实验中出现的故障及解决办法。

实验三   电子秒表

一、 实验目的

1. 学习数字电路中基本 RS 触发器、单稳态触发器、时钟发生器及计数、译码显示等单元电路的综合应用。
2. 学习电子秒表的调试方法。

二、 实验原理

图 3.2.3-1 所示为电子秒表的电路原理图，按其功能分成四个单元电路进行分析。

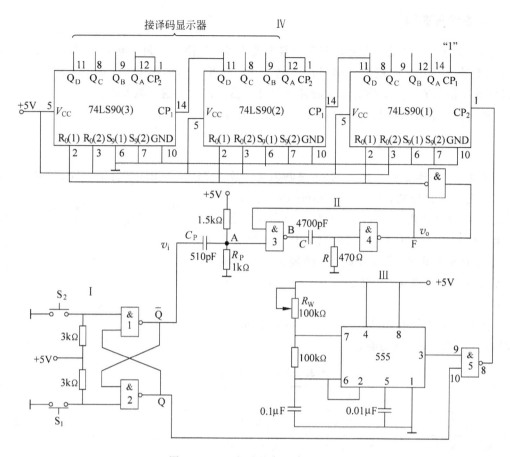

图 3.2.3-1　电子秒表电路原理图

1. 基本 RS 触发器

图 3.2.3-1 中单元 I 为用集成与非门构成的基本 RS 触发器。按动按钮开关 S_2（接地），则门 1 输出 $\overline{Q}=1$、门 2 输出 $Q=0$，S_2 复位后 Q、$\overline{Q}$ 状态保持不变。再按动按钮开关 S_1，则 Q 由 0 变为 1，门 5 开启，为计数器起动作好准备。$\overline{Q}$ 由 1 变 0，送出负脉冲，起动单稳态触发器工作。

基本 RS 触发器的作用是起动和停止秒表的工作。

2. 单稳态触发器

图 3.2.3-1 中单元 II 为用集成与非门构成的微分型单稳态触发器，图 3.2.3-2 所示为各点波形图。基本 RS 触发器 $\overline{Q}$ 端提供触发负脉冲信号，输出负脉冲通过非门加到计数器的清除端 R。静态时，门 4 应处于截止状态，故电阻 R 必须小于门的关门电阻 R_{Off}。定时元件 R 和 C 的取值不同，输出脉冲宽度也不同。

单稳态触发器的作用是为计数器提供清零信号。

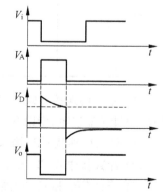

图 3.2.3-2　单稳态触发器波形图

3．多谐振荡器

图 3.2.3-1 中单元 Ⅲ 为用 555 定时器构成的多谐振荡器。调节电位器 R_W，使在输出端 3 获得频率为 50Hz 的矩形波信号。当基本 RS 触发器的输出 Q＝1 时，门 5 开启，此时 50Hz 脉冲信号通过门 5 作为计数脉冲加于计数器①的计数输入端 CP_2。

多谐振荡器的作用是为计数器提供时钟信号源。

4．计数及译码显示

图 3.2.3-1 中单元 Ⅳ 为二-五-十进制加法计数器 74LS90 构成的计数单元，如其中计数器①接成五进制形式，对频率为 50Hz 的时钟脉冲进行五分频，在输出端 Q_D 取得周期为 0.1s 的矩形脉冲，作为计数器②的时钟输入。计数器②及计数器③接成 8421 码十进制形式，其输出端与实验装置上译码显示单元的相应输入端连接，可显示 0.1～0.9s、1～9.9s 计时。

图 3.2.3-3 所示为集成异步计数器 74LS90 引脚排列，表 3.2.3-1 为其功能表。

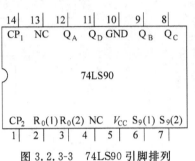

图 3.2.3-3　74LS90 引脚排列

表 3.2.3-1　74LS90 的功能表

输　入						输　出				功　能
清零		置9		时钟		Q_D	Q_C	Q_B	Q_A	
$R_0(1)$、$R_0(2)$		$S_9(1)$、$S_9(2)$		CP_1	CP_2					
1	1	0	×	×	×	0	0	0	0	清零
		×	0							
0	×	1	1	×	×	1	0	0	1	置9
×	0									
0	×	0	×	↓	1	Q_A 输出				二进制计数
×	0	×	0	1	↓	$Q_D Q_C Q_B$ 输出				五进制计数
				↓	Q_A	$Q_D Q_C Q_B Q_A$ 输出 8421BCD 码				十进制计数
				Q_D	↓	$Q_A Q_D Q_C Q_B$ 输出 5421BCD 码				十进制计数
				1	1	不变				保持

通过不同的连接方式，74LS90 可以实现四种不同的逻辑功能；而且还可借助 $R_0(1)$、$R_0(2)$ 对计数器清零；借助 $S_9(1)$、$S_9(2)$ 将计数器置9。其具体功能详述如下：

（1）计数脉冲从 CP_1 输入，Q_A 作为输出端，为二进制计数器。

（2）计数脉冲从 CP_2 输入，$Q_D Q_C Q_B$ 作为输出端，为异步五进制加法计数器。

（3）若将 CP_2 和 Q_A 相连，计数脉冲由 CP_1 输入，$Q_D Q_C Q_B Q_A$ 作为输出端，则构成异步 8421 码十进制加法计数器。

（4）若将 CP_1 与 Q_D 相连，计数脉冲由 CP_2 输入，$Q_A Q_D Q_C Q_B$ 作为输出端，则构成异步 5421 码十进制加法计数器。

（5）当 $R_0(1)$、$R_0(2)$ 均为"1"，$S_9(1)$、$S_9(2)$ 中有"0"时，实现异步清零功能，即 $Q_D Q_C Q_B Q_A = 0000$。

（6）当 $S_9(1)$、$S_9(2)$ 均为"1"，$R_0(1)$、$R_0(2)$ 中有"0"时，实现置 9 功能，即 $Q_D Q_C Q_B Q_A = 1001$。

三、 实验设备与元器件

1. ＋5V 直流电源。
2. 双踪示波器、直流数字电压表、数字频率计、译码显示器。
3. 单次脉冲源、连续脉冲源、逻辑电平开关、逻辑电平显示器。
4. 74LS00×2、555×1、74LS90×3、电位器、电阻、电容若干。

四、 实验内容

实验时应按照实验任务的次序，将各单元电路逐个进行接线和调试，即分别测试基本 RS 触发器、单稳态触发器、时钟发生器及计数器的逻辑功能，待各单元电路工作正常后，再将有关电路逐级连接起来进行测试，直到测试出电子秒表整个电路的功能，以利于检查和排除故障，保证实验顺利进行。

1. 基本 RS 触发器的测试

测试方法参考第 3 篇中数字电子电路基础实验六。

2. 单稳态触发器的测试

（1）静态测试
用直流数字电压表测量 A、B、D、F 各点电位值并记录。
（2）动态测试
输入端接 1kHz 连续脉冲源，用示波器观察并描绘 D 点（V_D）、F 点（V_0）波形，如单稳输出脉冲持续时间太短而难以观察，可适当加大微分电容 C（如改为 $0.1\mu F$），待测试完毕，再恢复为 4700pF。

3. 时钟发生器的测试

测试方法参考第 3 篇中数字电子电路基础实验九，用示波器观察输出电压波形并测量其频率，调节 R_W，使输出矩形波频率为 50Hz。

4. 计数器的测试

（1）计数器①接成五进制形式，$R_0(1)$、$R_0(2)$、$S_9(1)$、$S_9(2)$ 接逻辑开关输出插口，CP_2 接单次脉冲源，CP_1 接高电平"1"，$Q_D \sim Q_A$ 接实验设备上译码显示输入端 D、C、B、A，按

表 3.2.3-1 测试其逻辑功能并记录。

(2) 计数器②及计数器③接成 8421 码十进制形式,同内容(1)进行逻辑功能测试并记录。

(3) 将计数器①、②、③级联,进行逻辑功能测试并记录。

5. 电子秒表的整体测试

各单元电路测试正常后,按图 3.2.3-1 把几个单元电路连接起来,进行电子秒表的总体测试。先按按钮开关 S_2,此时电子秒表不工作,再按一下按钮开关 S_1,则计数器清零后便开始计时,观察数码管显示计数情况是否正常。如不需要计时或暂停计时,按一下开关 S_2,计时立即停止,但数码管保留所计时之值。

6. 电子秒表准确度的测试

利用电子钟或手表的秒计时对电子秒表进行校准。

五、 实验注意事项

由于实验中使用器件较多,实验前必须合理安排各器件在实验装置上的位置。

六、 预习与思考题

1. 复习数字电路中 RS 触发器、单稳态触发器、时钟发生器及计数器等部分内容。
2. 除了本实验中所采用的时钟源外,选用另外两种不同类型的时钟源,以供本实验用。画出电路图,选取元器件。
3. 自拟电子秒表单元电路测试所用的表格。
4. 调试电子秒表的步骤如何?

七、 实验报告要求

1. 总结电子秒表整个调试过程。
2. 分析调试中发现的问题及故障排除方法。

实验四　数字频率计的设计

一、 实验目的

1. 学习控制电路及计数、译码显示等单元电路的综合应用。
2. 熟悉大中型电路的设计方法,掌握基本的原理及其设计原理。

二、 实验原理

数字频率计用于测量信号(方波、正弦波或其他脉冲信号)的频率,并用十进制数字显示,它具有精度高、测量迅速、读数方便等优点。

1. 数字频率计的工作原理

脉冲信号的频率就是在单位时间内所产生的脉冲个数,如在 1s 内计数器记录了 1000 个脉冲,则被测信号的频率为 1000Hz。

本实验课题设计的数字频率计原理框图如图 3.2.4-1 所示。

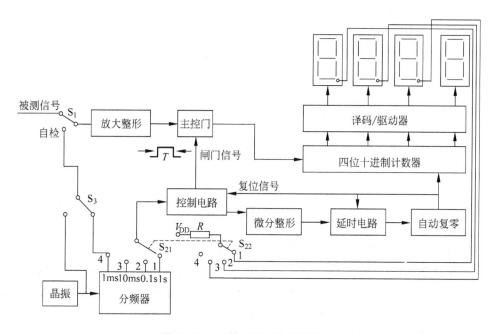

图 3.2.4-1　数字频率计原理框图

晶振产生较高的标准频率,经分频器后可获得各种时基脉冲(1ms、10ms、0.1s、1s 等)。被测频率的输入信号经放大整形后变成矩形脉冲加到主控门的输入端,如果被测信号为方波,可以省去放大整形,将被测信号直接加到主控门的输入端。时基信号经控制电路产生闸门信号至主控门,只有在闸门信号采样期间内(时基信号的一个周期),输入信号才通过主控门。若时基信号的周期为 T,进入计数器的输入脉冲数为 N,则被测信号的频率 $f = N/T$,改变时基信号的周期 T,即可得到不同的测频范围。当主控门关闭时,计数器停止计数,显示器显示记录结果。此时控制电路输出一个置零信号,经延时、整形电路的延时,当达到所调节的延时时间时,延时电路输出一个复位信号,使计数器和所有的触发器置零,为后续新的一次取样作好准备,即能锁住一次显示的时间,使保留到接受新的一次取样为止。

2. 主要单元电路的设计及工作原理

(1) 控制电路与主控门电路

控制电路与主控门电路如图 3.2.4-2 所示。主控电路由双 D 触发器 CC4013 及与非门 CC4011 构成。CC4013(1) 的任务是输出闸门控制信号,以控制主控门的开启与关闭。如果选择一个时基信号,当输入一个时基信号的下降沿时,与非门 1 就输出一个上升沿,则 CC4013(1) 的 Q_1 端就由低电平变为高电平,将主控门 2 开启,允许被测信号通过该主控门并送至计数器输入端进行计数。相隔时基后,时基信号的下降沿到来,与非门 1 输出端产生一个上升沿,使 CC4013(1) 的 Q_1 端变为低电平,将主控门关闭,使计数器停止计数。

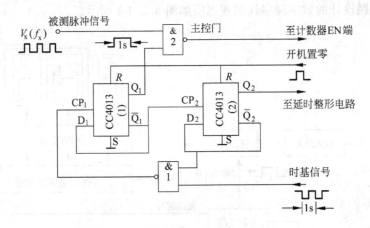

图 3.2.4-2　控制电路及主控门电路

同时,$\overline{Q}_1$ 端产生一个上升沿,使 CC4013(2) 翻转成 $Q_2 = 1$,$\overline{Q}_2 = 0$,立即封锁与非门 1,保证在显示读数的时间内 Q_1 端始终保持低电平,使计数器停止计数。利用 Q_2 端的上升沿送到下一级的延时、整形单元电路。当到达所调节的延时时间时,延时电路输出端立即输出一个正脉冲,将计数器和所有 D 触发器全部置零。复位后,$Q_1 = 0$,$\overline{Q}_1 = 1$,为下一次测量作好准备。当时基信号又产生下降沿时,则上述过程重复。

(2) 微分、整形电路

微分、整形电路如图 3.2.4-3 所示。CC4013(2) 的 Q_2 端所产生的上升沿经微分电路后,送到由与非门 CC4011 组成的斯密特整形电路的输入端,在其输出端可得到一个边沿十分陡峭且具有一定脉冲宽度的负脉冲,然后再送至下一级延时电路。

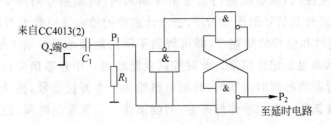

图 3.2.4-3　微分、整形电路

（3）延时电路

延时电路如图 3.2.4-4 所示。由于开机时或门（1）（见图 3.2.4-5）输出的正脉冲将 CC4013(3) 的 Q_3 端置"0"，因此原 $\overline{Q}_3 = 1$，经二极管迅速给电容 C_2 充电，使其电压上升为高电平。由于 CC4013(3) 的 D_3 端接 V_{DD}，因此，在 P_2 点所产生的上升沿作用下，CC4013(3) 翻转，翻转后 $\overline{Q}_3 = 0$，导致电容器 C_2 经电位器 R_{W1} 缓慢放电，当电压降至非门（3）的阈值电平 V_T 时，非门（3）的输出端立即产生一个上升沿，触发下一级单稳态电路。此时，P_3 点输出一个正脉冲，该脉冲宽度主要取决于时间常数 $R_{W1}C_2$ 的值，延时时间为上一级电路的延时时间及这一级延时时间之和。调节电位器 R_{W1} 可以改变显示时间。

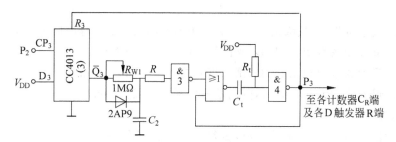

图 3.2.4-4　延时电路

（4）自动清零电路

自动清零电路如图 3.2.4-5 所示，它可将各计数器及所有的触发器置零。P_3 点产生的正脉冲将各计数器及所有的触发器置零。

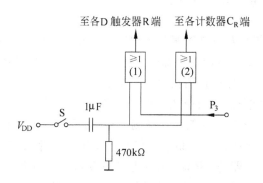

图 3.2.4-5　自动清零电路

在复位脉冲的作用下，$Q_3 = 0$，$\overline{Q}_3 = 1$，于是 $\overline{Q}_3$ 端的高电平经二极管再次对电容 C_2 充电，补上刚才放掉的电荷，使 C_2 两端的电压恢复为高电平。又因为 CC4013(2) 复位后使 Q_2 再次变为高电平，所以与非门 1 又被开启，电路重复上述变化过程。

三、 实验设备与元器件

1. +5V 直流电源。

2. 双踪示波器、直流数字电压表、数字频率计。

3. 连续脉冲源、逻辑电平显示器。

4. 主要元、器件(略)。

四、 实验内容

使用中、小规模集成电路设计与制作一台简易的数字频率计,应具有下述功能。

1. 位数:计 4 位十进制数

计数位数主要取决于被测信号频率的高低,如果被测信号频率较高,精度又较高,可相应增加显示位数。

2. 量程

第一挡:最小量程挡,最大读数是 9.999kHz,闸门信号的采样时间为 1s。

第二挡:最大读数为 99.99kHz,闸门信号的采样时间为 0.1s。

第三挡:最大读数为 999.9kHz,闸门信号的采样时间为 10ms。

第四挡:最大读数为 9999kHz,闸门信号的采样时间为 1ms。

3. 显示方式

(1) 用七段 LED 数码管显示读数,做到显示稳定、不跳变。

(2) 小数点的位置随量程的变更而自动移位。

(3) 为了便于读数,要求数据显示的时间在 0.5~5s 内连续可调。

4. 具有"自检"功能。

5. 被测信号为方波信号。

6. 画出设计的数字频率计的电路总图。

7. 组装和调试

(1) 时基信号通常使用石英晶体振荡器输出的标准频率信号经分频电路获得。为了实验调试方便,可用实验设备上脉冲信号源输出的 1kHz 方波信号代替晶振的输出。

(2) 按设计的数字频率计逻辑图在实验装置上布线。

(3) 用数字频率计检查各分频级的工作是否正常。用周期为 1s 的信号作控制电路的时基信号输入,用周期等于 1ms 的信号作被测信号,用示波器观察和记录控制电路输入、输出波形,检查控制电路所产生的各控制信号能否按正确的时序要求控制各个子系统。将周期为 1s 的信号送入各计数器的 CP 端,用发光二极管指示检查各计数器的工作是否正常。用周期为 1s 的信号作延时、整形单元电路的输入,用两只发光二极管作指示,检查延时、整形单元电路的工作是否正常。若各个子系统的工作都正常了,再将各子系统连起来统调。

8. 调试合格后,写出综合实验报告。

五、 实验注意事项

由于实验中使用器件较多,实验前必须合理安排各器件在实验装置上的位置。

六、 预习与思考题

1. 根据设计任务,具体设计各单元电路,画出电路图,选取元器件。

2. 连接各单元电路,画出电路总图。

七、 实验报告要求

1. 列表说明所用实验设备与器件的型号、规格。
2. 画出各单元电路、电路总图,并分别说明其工作原理。
3. 总结数字频率计调试过程,并分析调试中发现的问题及故障排除方法。

附　　录

附录Ⅰ　电工技术实验台

1. 概述

本实验所用电工技术实验台是由浙江求是科教设备有限公司生产的,该装置由三部分组成,即实验台主控制屏(如图Ⅰ-1所示)、实验桌和若干实验组件,其中实验台主控制屏提供了进行电工实验所需的各电源、信号源和测量仪表,实验台实验模块提供了进行电工实验所需的各种实验电路和元器件。

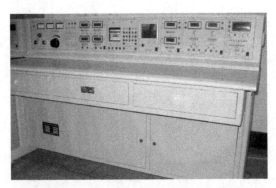

图Ⅰ-1　电工技术实验台的主控制屏

2. 实验台主控制屏使用说明

(1)正弦交流电源

正弦交流电源为实验提供三组对称0～220V可调电压源,学生可通过不同的连接方法获得三相线电压和相电压,也可获得单相交流电压源。在电源模块中配有整个实验电的电源开关的电源工作指示灯,实验开始前需转动电源钥匙到"开"位置,再按起动按钮,使电源指示灯亮,表示电源工作正常,可以继续实验。实验结束后必须按下停止按钮切断电源,并将电源钥匙转到"关"位置。确保电源关断才能离开。**实验中一旦出现意外情况请立即按停止按钮切断电源**。

(2)交流电量测量仪表

交流电量测量模块为实验提供了二组数字式电压表和电流表头,学生通过不同的连接可同时测量二路交流电路的电压、电流或功率、功率因数。测量时可通过琴键开关选择量程,通过拨位开关选择表头测量功能。

（3）交流电能表

实验台配置一商业用的单相电能表，可测量单相电源的电能。在交流电能表模块上还提供了一个 220V/36V、50W 变压器，以备实验所需。另外在该模块上还提供了四组测量电流的串入接口和交流接线与直流接线转接插口。

（4）直流电量测量仪表

直流电量测量模块为实验提供了三位半数字式直流电压表和电流表。其中电压表最大量程 300V，分三挡。电流表最大量程 200mA，分三挡，使用时可根据测量对象用琴键开关正确选取量程。

（5）直流电源

直流电源模块为实验提供了三组恒压源，其中一组为可调恒压源（带数字电压指示），电压量大，可调范围 0～30V，分三挡（0～10V，0～20V，0～30V），由琴键开关选择。可用电位器调节输出电压。其余两组恒压源分别是 ±5V 和 ±12V。可通过电压源的串联组成实验所需电压值（思考：最多可组合输出多少种电压值？）。模块还为实验提供了一组可调恒流源（带数电流指示），电流最大可调范围 0～500mA，分三挡（0～1mA，0～100mA，0～500mA），由琴键开关选择。

（6）信号源

电工技术实验台主控制屏为实验配置了一个简易信号源，可为实验提供正弦波、方波和三角波等电信号，信号频率、幅值可调，频率范围最大 0Hz～1MHz，同样采用电位器调节幅值和频率，采用琴键开关选择挡位和信号种类，六位 LED 数码管指示频率。

附录Ⅱ　DZX-1 型电子学综合实验装置

1. 实验控制屏面板布局示意图

DZX-1 型电子学综合实验装置由实验控制屏和实验桌组成一体，实验控制屏由模拟电路实验线路板、数字电路实验线路板和各种仪器仪表共 17 个单元组成。该装置集模拟电子技术与数字电子技术实验于一体，其控制屏面板布局示意图如图Ⅱ-1 所示。

2. 操作、使用说明

（1）将装置左后侧的单相三芯电源插头插入 220V 单相交流电源插座。

（2）将自耦调压器逆时针旋至零位。

（3）开启"漏电保护器"（单元 3）中的电源总开关，"电源指示"及"停止"按钮红灯亮，同时镜面电压表指示电网电压。控制屏左侧单相双连暗插座输出 220V 交流电压。接通石英数字钟的电源，数字钟应闪动显示"12：00"，等待调整。

（4）按下"起动"按钮，"停止"按钮红灯灭，"起动"按钮绿灯亮，可听到屏内交流接触器瞬时吸合声，自耦调压器的原边也接通电源；220V 交流电也同时引至相关单元交流电源开关处；控制屏右侧单相双连暗插座输出 220V 交流电压，至此，控制屏起动完毕。

（5）转动控制屏左侧单相自耦调压器旋钮，即可调节单相输出电压，调节范围 0～

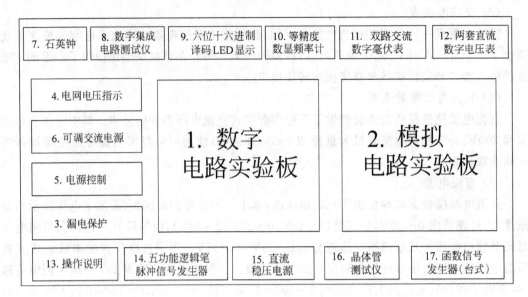

图Ⅱ-1　DZX-1 型电子学综合实验装置控制平面板布局示意图

250V(U_B)，同时输出 0～25V(U_A)工频电源。操作"电压指示切换"开关，数显电压表分别指示 U_A 和 U_B 电压值。

（6）关闭控制屏电源时，必须先按"停止"按钮(红灯亮，绿灯灭)，然后将"漏电保护器"开关置于"OFF"位置。

（7）控制屏内装有电压型漏电保护装置，当交流电源短路，即发出告警信号，告警指示灯亮，并使接触器释放，切断各单元的电源，以确保实验的安全；在故障排除之后，按一下"复位"键，就可重新起动。

（8）控制屏内装有电流型漏电保护器(单元 3)，控制屏若有漏电流超过一定值，即切断总电源。

（9）石英数字钟(单元 7)经设定后可当作计时器使用，用于控制实验时间，当时间到时将发出连续的报警信号并切断电源，终止本次实验。

3. 使用注意事项

（1）接线前务必熟悉实验装置上各仪器仪表及元器件的功能、参数及其接线位置，特别要熟知各集成块插脚引线的排列方式及接线位置。

（2）实验前必须先断开总电源与各分电源开关，严禁带电接线。

（3）接线完毕，检查无误后，再插入相应的集成电路芯片才可通电。也只有在断电后方可插拔集成芯片，严禁带电插拔集成芯片。

（4）实验过程中，实验台要保持整洁，不可随意放置杂物，特别是导电的物品、工具和多余的导线等，以免发生短路等故障。

（5）本实验装置上的各挡直流电源设计仅供实验使用，一般不外接其他负载。如作他用时，要注意使用的负载不能超过本电源的使用范围。

（6）实验完毕，应及时关闭各电源开关(置"关"端)，并及时清理实验板面，整理好连接导线并放在规定的位置。

（7）实验时需要用到外部交流供电的仪器，如示波器等，这些仪器的外壳应妥善接地。

附录Ⅲ　示波器使用说明

示波器是一种用途很广的电子测量仪器，它既能直接显示电信号的波形，又能对电信号进行各种参数的测量。现着重介绍 DS-5000 型数字存储示波器的基本操作方法。

1. 数字存储示波器原理简介

数字存储示波器的原理框图如图Ⅲ-1 所示。采用实时取样技术，从被测信号的特定时刻取出若干个样点，由控制电路形成存储器的写入地址，并将模数转换后的数据依次存入存储器中，触发信号用于终止存储。当需要观察信号时，由控制电路产生读出地址，依次从存储器中取出数据，经过数模转换器变为模拟信号，加到示波管的 Y 偏转板；读出的地址经数模转换器变成阶梯扫描信号，加到示波管的 X 偏转板，这样可以在显示屏上显示出信号波形。在数字存储示波器中，信号处理功能和信号显示功能是分开的，其性能指标完全取决于进行信号处理的模数、数模转换器。我们在示波器的屏幕上看到的波形是由所采集到的数据重建的波形，而不是输入连接端上所加信号的立即的、连续的波形显示。

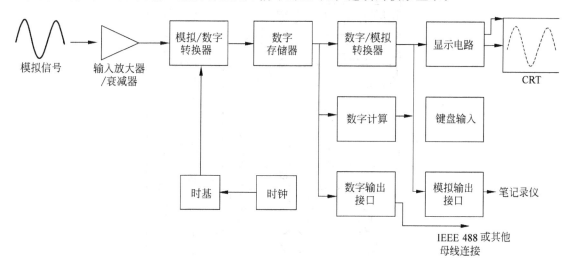

图Ⅲ-1　数字存储示波器原理框图

2. 数字存储示波器面板介绍

图Ⅲ-2 所示为 DS-5000 型数字存储示波器面板示意图。面板分成左右两部分，左边主要是单色液晶显示屏，右边是接口和操作控制区。数字存储示波器右边是由 26 个按键、旋钮和接口组成的操作控制区，可以将操作控制区分成六个区：菜单区、运行控制区、垂直区、水平区、触发区和接口区，如图Ⅲ-3 所示。

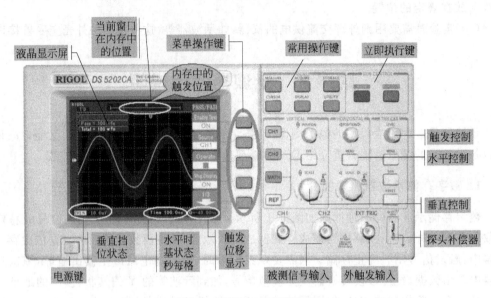

图Ⅲ-2 DS-5000 面板说明图

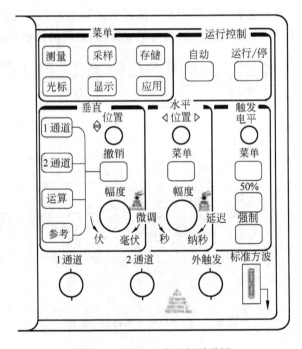

图Ⅲ-3 DS-5000 右面板说明图

3. 数字存储示波器的使用

（1）波形显示的自动设置

DS-5000 系列数字存储示波器具有自动设置的功能。根据输入的信号，可自动调整电压倍率、时基以及触发方式至最好形态显示。

① 打开电源。

② 将被测信号连接到信号输入通道 CH1 或 CH2。

③ 按下"AUTO"按钮,示波器将自动设置垂直、水平和触发控制。如需要,可手工调整这些控制使波形显示达到最佳。

（2）垂直系统参数设置

如图Ⅲ-3 所示,在**垂直控制区（VERTICAL ）**有一系列的按钮、旋钮,下面通过练习说明垂直设置的使用方法。

① 使用垂直 POSITION（位置） 旋钮在波形窗口居中显示信号。垂直 POSITION（位置）旋钮控制信号的垂直显示位置。当转动该旋钮时,指示通道地（GROUND）的标识跟随波形而上下移动。

② 改变垂直设置,并观察因此导致的状态信息变化。用户可以通过波形窗口下方的状态栏显示的信息,确定任何垂直挡位的变化。

- 转动垂直 SCALE（幅度）旋钮改变"Volt/div（伏/格）"垂直挡位,可以发现状态栏对应通道的挡位显示发生了相应的变化。

- 按 CH1 、CH2 、MATH 、REF 按钮,屏幕显示对应通道的操作菜单、标志、波形和挡位状态信息。按 OFF 按钮关闭当前选择的通道。

注意: OFF 按钮具备关闭菜单的功能。当菜单未隐藏时,按 OFF 按钮可快速关闭菜单。如果在按 CH1 或 CH2 按钮后立即按 OFF 按钮,则同时关闭菜单和相应通道。

（3）水平系统参数设置

如图Ⅲ-3 所示,在**水平控制区（HORIZONTAL ）**有一个按钮、两个旋钮。下面将说明水平时基的设置。

① 使用水平 SCALE（幅度）旋钮改变水平挡位设置,并观察状态的信息变化。转动该旋钮改变"s/div（秒/格）"水平挡位,可以发现状态栏对应通道的挡位显示发生了相应的变化。水平扫描速度从 1ns 至 50s,以 1—2—5 的形式步进,在延迟扫描状态可达到10ps/div。

② 使用水平 POSITION（位置）旋钮调整信号在波形窗口的水平位置。该旋钮控制信号的触发位移或作其他特殊用途,当应用于触发位移时,转动该旋钮可以观察到波形随旋钮而水平移动。

③ 按 MENU（菜单）按钮,显示 **TIME** 菜单。在此菜单下,可以开启/关闭延迟扫描或切换 Y-T、X-Y 显示模式。还可以设置水平 POSITION 旋钮的触发位移或触发释抑模式。

（4）初步了解触发系统

如图Ⅲ-3 所示,在**触发控制区（TRIGGER ）**有一个旋钮、三个按钮。下面将说明触发系统的设置。

① 使用 LEVEL（触发）旋钮改变触发电平设置。转动该旋钮,可以发现屏幕上出现一条橘红色（单色液晶系列为黑色）的触发线以及触发标志,随旋钮转动而上下移动。停止转动旋钮,此触发线和触发标志会在约 5s 后消失。在移动触发线的同时,可以观察到在屏幕

上触发电平的数值或百分比显示发生了变化(在触发耦合为"交流"或"低频抑制"时,触发电平以百分比显示)。

② 使用 MENU 按钮调出触发操作菜单(见图Ⅲ-4),改变触发的设置,观察状态的变化。

- 按 1 号菜单操作按钮,选择"边沿触发"。
- 按 2 号菜单操作按钮,选择"信源选择"为"CH1"。
- 按 3 号菜单操作按钮,设置"边沿类型"为"上升沿"。
- 按 4 号菜单操作按钮,设置"触发方式"为"自动"。
- 按 5 号菜单操作按钮,设置"耦合"为"直流"。

注:改变前三项的设置会导致屏幕右上角状态栏的变化。

③ 按 50% 按钮,设定触发电平在触发信号幅值的垂直中点。

④ 按 FORCE 按钮,强制产生触发信号,主要用于触发方式中的"普通"和"单次"模式。

(5) 示波器接入被测信号

按照如下步骤接入信号:

① 用示波器探头将信号接入通道 1(CH1),将探头上的开关设定为×10(如图Ⅲ-5 所示),并将示波器探头与通道 1 连接。将探头连接器上的插槽对准 CH1 同轴电缆插接件(BNC)上的插口并插入,然后向右旋转以拧紧探头。

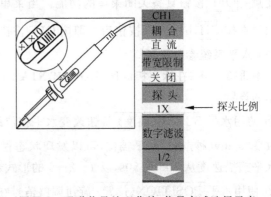

图Ⅲ-4　触发操作菜单　　　　图Ⅲ-5　通道信号处理菜单、信号衰减选择示意

② 示波器需要输入探头衰减系数。此衰减系数可以改变仪器的垂直挡位比例,从而使得测量结果正确反映被测信号的电平(默认衰减系数设定值为 10×)。设置探头衰减系数的方法如下:按 CH1 功能键显示通道 1 的操作菜单,应用与探头项目平行的 3 号菜单操作按钮,选择与所使用的探头同比例的衰减系数。此时设定应为 10×。

③ 把探头端部和接地夹接到探头补偿器的连接器上。按 AUTO (自动设置)按钮,几秒钟内,可见到方波显示(1kHz,约 5V,峰-峰值)。

(6) 自动测量

如图Ⅲ-3 所示,在 MENU(菜单)控制区的 MEASURE(测量)为自动测量功能按钮。按该功能按钮,系统显示自动测量操作菜单。本示波器具有 20 种自动测量功能,包括峰-峰值、最大值、最小值、顶端值、底端值、幅值、平均值、均方根值、过冲、预冲、频率、周期、上升时间、下降时间、正占空比、负占空比、正脉宽、负脉宽的测量,共 10 种电压测量和 10 种时间测量,详细说明如图Ⅲ-6 所示。

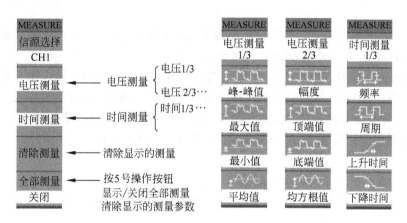

图Ⅲ-6　信号的电压和时间测量

（7）光标测量

如图Ⅲ-3 所示,在 MENU 控制区的 CURSOR（光标）为光标测量功能按钮。光标模式允许用户通过移动光标进行测量。

手动方式：手动光标测量方式是测量两条电压光标或两条时间光标的坐标值及两条光标间的差值。电压或时间方式成对出现,可手动调整每对光标的间距。显示的读数即为测量的电压或时间值。当使用光标时,需首先将信号源设定成用户所要测量的波形。选择手动测量模式,按键操作顺序为：CURSOR→光标模式→手动→电压（时间）→移动光标以调整光标间的间距。

调整各条光标的操作为：

CurA→电压→旋转垂直（POSITION）旋钮使光标上下移动；

CurB→电压→旋转垂直（POSITION）旋钮使光标上下移动。

光标 A→时间→旋转垂直（POSITION）旋钮使光标左右移动；

光标 B→时间→旋转垂直（POSITION）旋钮使光标左右移动。

显示光标 1、2 的水平间距（△X）,即光标间的时间值；

显示光标 1、2 的垂直间距（△Y）,即光标间的电压值。

附录Ⅳ　函数信号发生器的使用

函数信号发生器是一种精密的测试仪器,可输出连续信号、扫频信号、函数信号、脉冲信号、点频正弦信号等多种输出信号,并具有外部测频功能。下面以 SP1641B 型为例介绍函数信号发生器的使用。

1. 主要特征

（1）采用大规模单片集成精密函数发生器电路，使得该机具有很高的可靠性及优良的性价比。

（2）采用单片机电路进行整周期频率测量监控和智能化管理，用户可以直观、准确地了解输出信号的频率和幅度（特别是低频时亦是如此）。

（3）该机采用了精密电流电源电路，使输出信号在整个频带内均具有相当高的精度，同时多种电流源的变换使用，使仪器不仅可以输出正弦波、三角波、方波等基本波形，还可以输出锯齿波、脉冲波等多种非对称波形，同时对各种波形均可以实现扫描功能。本机还具有失真度极低的点频正弦信号、TTL 电平标准脉冲信号和 CMOS 电平可调的脉冲信号，以满足各种试验需要。

（4）机内逻辑电路采用中规模可编程的集成电路设计，优选设计电路，SMT 贴片工艺，元件降额使用，全功能输出保护，以保证仪器的高可靠性，平均无故障工作时间高达上万小时。

机箱造型美观大方，电子控制按钮操作起来更舒适、更方便。

2. 主要技术指标

SP1641B 型函数信号发生器的主要技术指标见表Ⅳ-1。

输出信号特征和输出信号频率稳定度测试条件：10kHz 频率输出，输出幅度为 $5V_{P-P}$，直流电平调节为"关"位置，对称性调节为"关"位置，整机预热 10min。

表Ⅳ-1　SP1641B 的技术指标

项　　目		技　术　参　数
主函数输出频率		0.1Hz ～ 3MHz（SP1641B），0.1Hz ～ 10MHz（SP1642B）。按十进制分类，共分八挡，每挡均以频率微调电位器实行频率调节
输出信号波形	函数输出	正弦波、三角波、方波（对称或非对称输出）
	TTL/CMOS 输出	脉冲波（CMOS 输出 $f \leqslant 100\mathrm{kHz}$）
输出信号幅度	函数输出（1MΩ）	不衰减：（$1V_{P-P} \sim 20V_{P-P}$）±10%，连续可调 衰减 20dB：（$0.1V_{P-P} \sim 2V_{P-P}$）±10%，连续可调 衰减 40dB：（$10mV_{P-P} \sim 200mV_{P-P}$）±10%，连续可调 衰减 60dB：（$1mV_{P-P} \sim 20mV_{P-P}$）±10%，连续可调
	TTL 输出（负载电阻≥600Ω）	"0"电平：$\leqslant 0.8V$；"1"电平：$\geqslant 1.8V$
	CMOS 输出（负载电阻≥2kΩ）	"0"电平：$\leqslant 0.8V$；"1"电平：$\geqslant 5 \sim 15V$，连续可调
函数输出信号衰减		0dB/20dB/40dB/60dB（0dB 衰减即为不衰减）
输出信号类型		单频信号、扫频信号、调频信号（受外控）
函数输出非对称性（SYM）调节范围		关或 20%～80%
		"关"位置时输出波形为对称波形，误差：$\leqslant 2\%$

续表

项 目		技 术 参 数
扫描方式	内扫描方式	线性/对数扫描方式
	外扫描方式	由 VCF 输入信号决定
幅度显示	显示位数	三位(小数点自动定位)
	显示单位	V_{P-P} 或 mV_{P-P}
	显示误差	$V_0 \pm 20\% \pm 1$ 个字(V_0 为输出信号的峰峰幅度值),(负载电阻 50Ω 时 V_0 读数需乘 $1/2$)
	分辨率	$0.1V_{P-P}$(衰减 0dB),$10mV_{P-P}$(衰减 20dB),$1mV_{P-P}$(衰减 40dB),$0.1mV_{P-P}$(衰减 60dB)
频率显示	显示范围	$0.1Hz \sim 3000kHz/10000kHz$
	显示有效位数	五位(1k 挡以下四位)
频率测量范围		$0.1Hz \sim 50MHz$
输入电压范围(衰减度为 0dB)		$30mV \sim 2V$($1Hz \sim 50MHz$) $150mV \sim 2V$($0.1 \sim 1Hz$)

3. 整机前面板布局及使用说明

SP1641B 型函数信号发生器整机前面板布局参见图 IV-1。

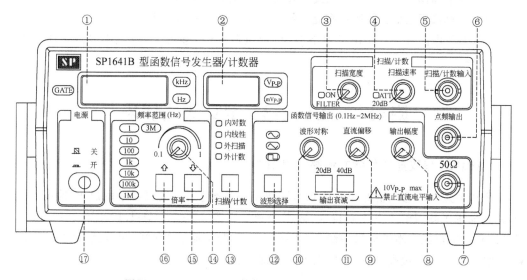

图 IV-1 SP1641B 型函数信号发生器整机前面板示意图

(1) 频率显示窗口:显示输出信号的频率或外测频信号的频率。

(2) 幅度显示窗口:显示函数输出信号的幅度。

(3) 扫描宽度调节旋钮:调节此电位器可调节扫频输出的频率范围。在外测频时,逆时针旋到底(绿灯亮),为外输入测量信号经过低通开关进入测量系统。

（4）扫描速率调节旋钮：调节此电位器可以改变内扫描的时间长短。在外测频时，逆时针旋到底（绿灯亮），为外输入测量信号经过衰减"20dB"进入测量系统。

（5）扫描/计数输入插座：当"扫描/计数"（13）功能按钮选择在外扫描状态或外测频功能时，外扫描控制信号或外测频信号由此输入。

（6）点频输出端：输出标准正弦波 100Hz 信号，输出幅度 2V$_{P-P}$。

（7）函数信号输出端：输出多种波形受控的函数信号，输出幅度 20V$_{P-P}$（1MΩ 负载），10V$_{P-P}$（50Ω 负载）。

（8）函数信号输出幅度调节旋钮：调节范围 20dB。

（9）函数输出信号直流电平偏移调节旋钮：调节范围为 −5～5V（50Ω 负载），−10V～10V（1MΩ 负载）。当电位器处在关位置时，则为 0 电平。

（10）输出波形对称性调节旋钮：调节此旋钮可改变输出信号的对称性。当电位器处在关位置时，则输出对称信号。

（11）函数信号输出幅度衰减开关："20dB"、"40dB"键均不按下，输出信号不经衰减，直接输出到插座口。"20dB"、"40dB"键分别按下，则可选择 20dB 或 40dB 衰减。"20dB"、"40dB"同时按下时为 60dB 衰减。

（12）函数输出波形选择按钮：可选择正弦波、三角波、脉冲波输出。

（13）"扫描/计数"按钮：可选择多种扫描方式和外测频方式。

（14）频率微调旋钮：调节此旋钮可微调输出信号频率，调节基数范围为从小于 0.1 到大于 1。

（15）倍率选择按钮：每按一次此按钮可递减输出频率的 1 个频段。

（16）倍率选择按钮：每按一次此按钮可递增输出频率的 1 个频段。

（17）整机电源开关：此按键按下时，机内电源接通，整机工作；此键释放为关掉整机电源。

附录Ⅴ　SP1931 型交流毫伏表

1. SP1931 型双通道数字交流毫伏表简介

SP1931 是一种通用型的智能化双通道数字交流毫伏表，该仪器采用放大-检波工作原理，并且采用了高档单片机控制技术，适用于测量频率 5Hz～3MHz，100μV$_{rms}$～400V$_{rms}$ 的正弦波有效值电压。本仪器采用绿色 LED 显示，读数清晰、视觉好，同时具有测量精度高、测量速度快、输入阻抗高、频率响应误差小等优点。

2. 交流毫伏表的前后面板介绍

其前后面板示意图分别如图Ⅴ-1 及图Ⅴ-2 所示。

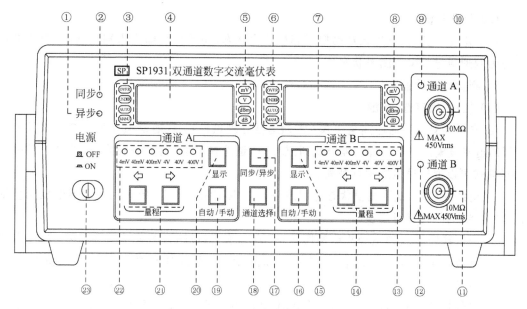

图Ⅴ-1　SP1931型双通道数字交流毫伏表的前面板图

① "异步"指示灯；② "同步"指示灯；③ A通道的状态指示灯；④ A通道的数码管显示器；⑤ A通道的显示单位；
⑥ B通道的状态指示灯；⑦ B通道的数码管显示器；⑧ B通道的显示单位；⑨ A通道指示灯；⑩ A通道测量输入口；
⑪ B通道测量输入口；⑫ B通道指示灯；⑬ B通道电压测量量程灯；⑭ B通道量程切换键；⑮ B通道"显示"功能键；
⑯ B通道"自动/手动"键；⑰ "同步/异步"键；⑱ "通道选择"键；⑲ A通道"自动/手动"键；⑳ A通道"显示"功能键；
㉑ A通道量程切换键；㉒ A通道电压测量量程灯；㉓ "POWER"键，电源开关

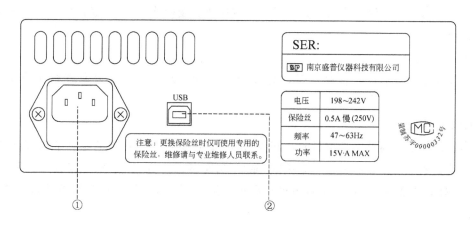

图Ⅴ-2　交流毫伏表的后面板图

① 交流电源输入插座，用于220V电源的输入；② USB通用接口，用于USB通信时的接口端。

3. 交流毫伏表的基本操作方法

1）测量前的工作

（1）测量前的准备

先仔细检查电源电压是否符合本仪器工作所需要的电源电压范围，确认无误后方可将电源线插入本仪器后面板上的电源插座内。

（2）仪器开机

按下电源开关，仪器进入产品提示和初始化状态，初始化后即进入测量状态，默认测量状态为双通道异步电压测量状态。

2）测量模式设置

（1）使用"通道选择"键

① 本机共有三种通道测量模式：A 通道独立测量模式、B 通道独立测量模式以及 A＋B 双通道测量模式。这三种功能模式通过按"通道选择"键进行循环切换，仪器处于某一种测量模式可以根据通道指示灯判断。

② 电源开启后，默认测量状态为双通道异步电压测量状态，要选用单通道电压测量则需按"通道选择"键进行切换。

- 当仪器处于 A 通道独立测量模式时，A 通道指示灯亮，B 通道指示灯灭，此时 A 通道数码显示区有效并显示当前实际测量值，而 B 通道数码显示区则无效并显示"----"。

- 当仪器处于 B 通道独立测量模式时，B 通道指示灯亮，A 通道指示灯灭，此时 B 通道数码显示区有效并显示当前实际测量值，而 A 通道数码显示区则无效并显示"----"。

- 当仪器处于 A＋B 双通道测量模式时，A 和 B 通道指示灯同时亮，此时 A 和 B 通道数码显示区都有效并显示当前各自的实际测量值。

（2）使用"同步/异步"键

同步测量和异步测量在仪器处于 A＋B 双通道测量模式时有效，通过按"同步/异步"键进行切换。

① 异步测量

当仪器处于双通道异步测量时，"异步"指示灯亮，此时两个测量通道相互独立，互不干扰。

② 同步测量

当仪器处于双通道同步测量时，"同步"指示灯亮，此时两个通道的显示单位、自动/手动状态以及量程升降都可以由任一通道的"显示"功能键、"自动/手动"键和量程切换键进行控制，使得两个通道具有相同的测量量程和显示单位，在程控测量时，两个通道默认由 A 通道控制。

3）测量功能菜单键的使用

说明：A 通道和 B 通道的测量功能键操作完全相同。

当仪器处于 A 通道测量模式和 A＋B 双通道测量模式时，A 通道测量功能菜单键有效。

当仪器处于 B 通道测量模式和 A＋B 双通道测量模式时，B 通道测量功能菜单键有效。

（1）使用"自动/手动"键

① A 通道量程指示灯说明

- "4mV"挡指示灯，当前测量电压在 4mV 挡时，该灯亮；否则为灭。

- "40mV"挡指示灯,当前测量电压在 40mV 挡时,该灯亮;否则为灭。
- "400mV"挡指示灯,当前测量电压在 400mV 挡时,该灯亮;否则为灭。
- "4V"挡指示灯,当前测量电压在 4V 挡时,该灯亮;否则为灭。
- "40V"挡指示灯,当前测量电压在 40V 挡时,该灯亮;否则为灭。
- "400V"挡指示灯,当前测量电压在 400V 挡时,该灯亮;否则为灭。

②"自动/手动"键用于选择手动测量和自动测量方式。

当仪器处于 A 通道测量模式和 A＋B 双通道测量模式时,默认为自动测量方式,此时"AUTO"灯亮,仪器能根据被测信号的大小自动选择合适的测量量程。如果要进行手动测量,在自动测量状态下再按一次"自动/手动"键即可进入手动测量方式,此时"MANU"灯亮。

（2）使用"量程"键

当仪器处于手动测量状态时,"量程"键有效,允许用户自由设置测量量程。"＜＝"键表示降量程,"＝＞"键表示升量程。注意:在采用手动测量方式时,在加入信号前应先选择合适的量程。

（3）使用"显示"键

本机的测量显示单位有三种:有效值(V 或者 mV)、dBm 值和 dB 值。默认显示单位为有效值(V 或者 mV),要显示 dBm 值或 dB 值时,只要按"显示"键就可以进行切换,每一种单位都有相应的指示灯来指示,当其有效时,相应的灯就会亮起来以指示。

- "mV"指示灯,当前电压测量选择为 mV 单位显示时,该灯亮;否则为灭。
- "V"指示灯,当前电压测量选择为 V 单位显示时,该灯亮;否则为灭。
- "dBm"指示灯,当前电压测量选择为 dBm 单位显示时,该灯亮;否则为灭。
- "dB"指示灯,当前电压测量选择为 dB 单位显示时,该灯亮;否则为灭。

（4）过量程和欠量程

当仪器设置为手动测量方式时,用户可根据仪器的提示设置量程。如果被测电压大于当前量程的最大测量电压的 115%,则"OVER"灯闪烁,表示过量程,此时如果电压显示区显示 HHHHH,表示电压过高,应该手动切换到比当前测量量程高的量程。

当仪器处于 400V 挡测量时,若"OVER"灯闪烁,表示输入信号过大,已经超过了仪器使用范围。用户应该赶紧断开输入电压信号,以防止仪器被烧坏。

当仪器处于手动量程方式的某一量程(除 4mV 最低挡外),如果被测电压小于当前量程的最小测量电压的 25%,则"UNDER"灯闪烁表示欠量程,此时,显示区按实际测量值显示,但是"UNDER"灯闪烁提示表示测量欠量程,测量误差增大,用户应该切换到下面一个量程进行测量。

（5）当仪器设置为手动测量方式时,从输入端加入被测信号后,只要量程选择恰当,读数能马上显示出来。而当仪器设置为自动测量方式时,由于要进行量程的自动判断,读数显示略慢于手动测量方式。在自动测量方式下,允许用手动量程设置按键设置量程。

（6）在测量大于 36V 的高电压信号时,一定要小心谨慎、注意安全,以免造成人身伤害和损坏仪器。必要时应采取一些安全措施,例如带上绝缘防电手套、使用绝缘触摸的电缆连接线等。同时一定要确保测试连接正确可靠,最好先将本机仪器手动设置在合适的挡位,再将被测部件与本机仪器连接好,最后再加电将被测信号输入仪器的电压测量通道进行测试。

4)计算功能

dBm 和 dB 测量都是根据输入电压的有效值软件运算而得到的。

(1) dBm 值的计算：

$$\text{dBm} = 10 \times \lg\left(\frac{V_{\text{in}}^2/R_{\text{ref}}}{1\text{mW}}\right)$$

式中,V_{in}是输入交流信号的电压值。

R_{ref}是用户设定的参考电阻值;本仪器设定的参考电阻值 $R_{\text{ref}} = 600\Omega$,则有 0dBm $=1\text{mW}$。

(2) dB 值的计算：

$$\text{dB} = 20 \times \lg\left(\frac{V_{\text{in}}}{V_{\text{ref}}}\right)$$

式中,V_{in}是输入交流信号的电压值。

V_{ref}是用户设定的参考电压值;本仪器设定的电压参考值 $V_{\text{ref}} = 1V_{\text{rms}}$,则有 0dB$\sim$1$V_{\text{rms}}$。

附录Ⅵ　部分常用数字集成电路引脚排列

1. 74LS 系列

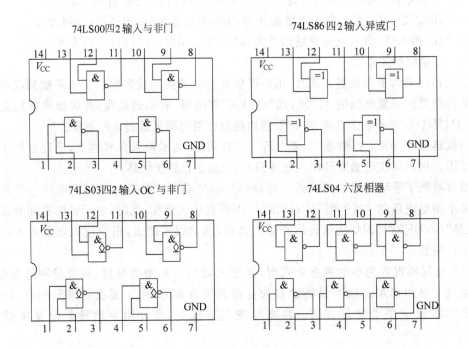

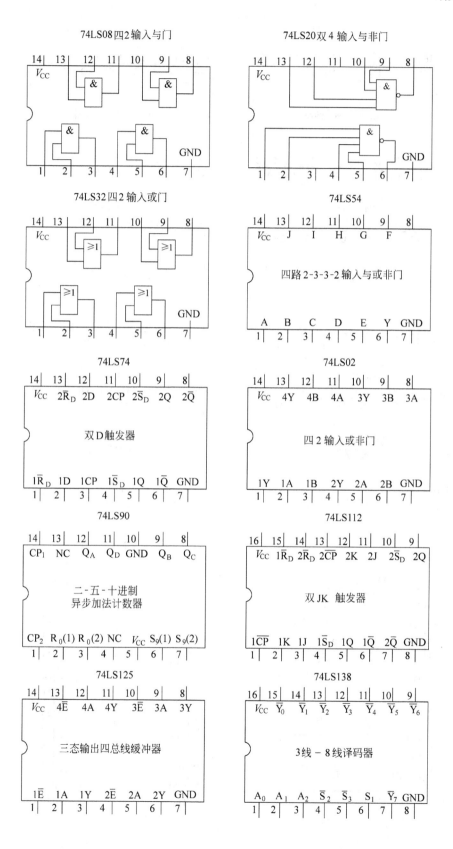

74LS08 四 2 输入与门

74LS20 双 4 输入与非门

74LS32 四 2 输入或门

74LS54
四路 2-3-3-2 输入与或非门

74LS74
双 D 触发器

74LS02
四 2 输入或非门

74LS90
二 - 五 - 十进制
异步加法计数器

74LS112
双 JK 触发器

74LS125
三态输出四总线缓冲器

74LS138
3 线 - 8 线译码器

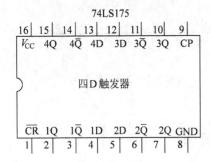

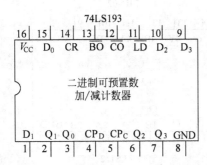

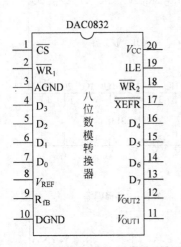

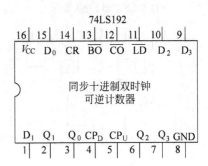

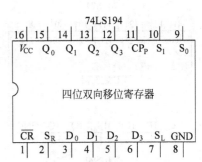

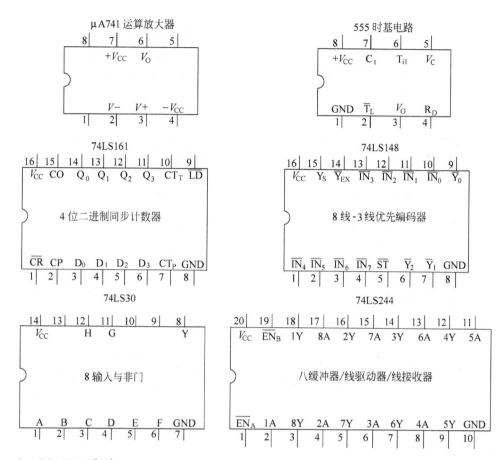

2. CC4000 系列

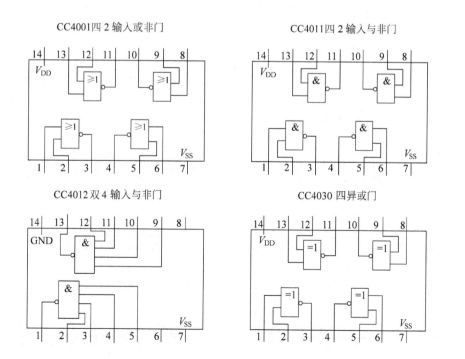

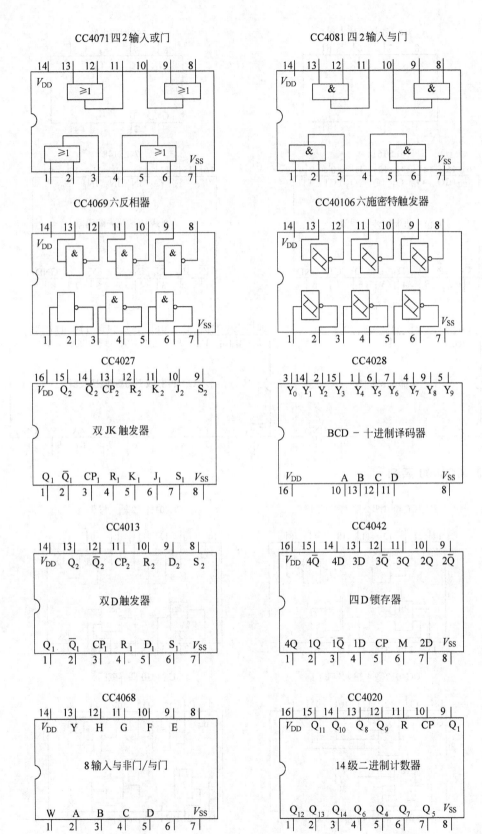

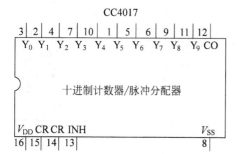

CC4017

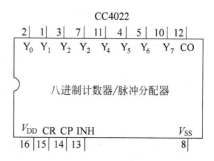

CC4022

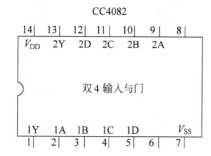

CC4082

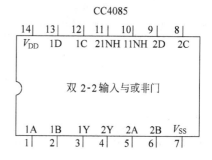

CC4085

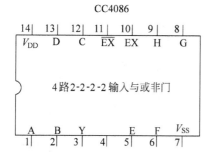

CC4086

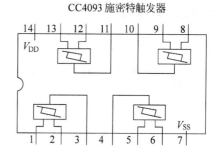

CC4093 施密特触发器

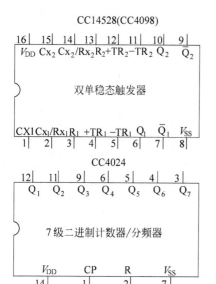

CC14528(CC4098)

CC4024

双时钟BCD可预置数
十进制同步加/减计数器

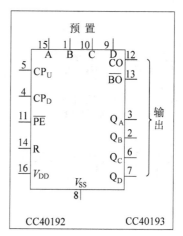

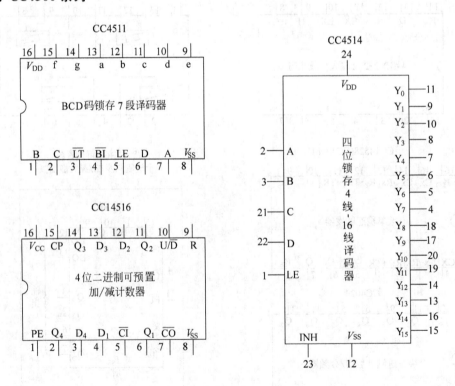

CC40194

16	15	14	13	12	11	10	9
V_{DD}	Q_0	Q_1	Q_2	Q_3	CP	S_1	S_0

4 位双向移位寄存器

$\overline{CR}$	D_{SR}	D_0	D_1	D_2	D_3	D_{SL}	V_{SS}
1	2	3	4	5	6	7	8

CC14433

24	23	22	21	20	19	18	17	16	15	14	13
V_{DD}	Q_3	Q_2	Q_1	Q_0	D_{S1}	D_{S2}	D_{S3}	D_{S4}	$\overline{OR}$	EOC	V_{SS}

三位半双积分模数转换器 (A/D)

V_{AG}	V_R	V_X	R_1	R_1/C_1	C_1	C_{01}	C_{02}	DU	CLK_1	CLK_2	V_{EE}
1	2	3	4	5	6	7	8	9	10	11	12

CC7107

1	$V+$		OSC_1	40
2	DU		OSC_2	39
3	cU		OSC_3	38
4	bU		TEST	37
5	aU		V_{REF+}	36
6	fU		V_{REF-}	35
7	gU		C_{REF}	34
8	eU		C_{REF}	33
9	dT		COM	32
10	cT		IN+	31
11	bT		IN−	30
12	aT		AZ	29
13	fT		BUF	28
14	eT		INT	27
15	dH		$V-$	26
16	bH		GT	25
17	fH		cH	24
18	eH		aH	23
19	abK		gH	22
20	PM		GND	21

3. CC4500 系列

CC4511

16	15	14	13	12	11	10	9
V_{DD}	f	g	a	b	c	d	e

BCD码锁存 7 段译码器

B	C	$\overline{LT}$	$\overline{BI}$	LE	D	A	V_{SS}
1	2	3	4	5	6	7	8

CC14516

16	15	14	13	12	11	10	9
V_{CC}	CP	Q_3	D_3	D_2	Q_2	$U/\overline{D}$	R

4 位二进制可预置
加/减计数器

PE	Q_4	D_4	D_1	$\overline{CI}$	Q_1	$\overline{CO}$	V_{SS}
1	2	3	4	5	6	7	8

CC4514

24

	V_{DD}		Y_0	11
			Y_1	9
			Y_2	10
			Y_3	8
2 — A	四位锁存 4 线-16 线译码器		Y_4	7
3 — B			Y_5	6
21 — C			Y_6	5
22 — D			Y_7	4
1 — LE			Y_8	18
			Y_9	17
			Y_{10}	20
			Y_{11}	19
			Y_{12}	14
			Y_{13}	13
			Y_{14}	16
INH	V_{SS}		Y_{15}	15

23   12

CC4518

16	15	14	13	12	11	10	9
V_{DD}	2R	$2Q_3$	$2Q_2$	$2Q_1$	$2Q_0$	2EN	2CP

双十进制同步计数器

1CP	1EN	$1Q_0$	$1Q_1$	$1Q_2$	$1Q_3$	1R	V_{SS}
1	2	3	4	5	6	7	8

CC4553

16	15	14	13	12	11	10	9
V_{DD}	DS_3	OF	R	CP	INH	LE	Q_0

三位十进制计数器

DS_2	DS_1	C_{1B}	C_{1A}	Q_3	Q_2	Q_1	V_{SS}
1	2	3	4	5	6	7	8

CC14512

16	15	14	13	12	11	10	9
V_{CC}	$\overline{EN}$	Y	A_2	A_1	A_0	INH	D_7

八选一数据选择器

D_0	D_1	D_2	D_3	D_4	D_5	D_6	V_{SS}
1	2	3	4	5	6	7	8

CC14539

16	15	14	13	12	11	10	9
V_{CC}	$2\overline{ST}$	A_0	$2D_3$	$2D_2$	$2D_1$	$2D_0$	2Y

双 4 选 1 数据选择器

$1\overline{ST}$	A_1	$1D_3$	$1D_2$	$1D_1$	$1D_0$	1Y	V_{SS}
1	2	3	4	5	6	7	8

CC3130

调零补偿	1	运算放大器		8	选通补偿
2	$V-$		V_{DD}	7	
3	$V+$		V_0	6	
4	V_{SS}			5	调零

MC1413(ULN2003)
七路NPN达林顿列阵

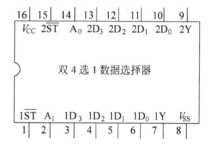

16	15	14	13	12	11	10	9
							V_{CC}
1	2	3	4	5	6	7	GND

MC1403

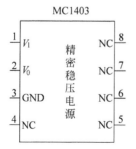

1	V_1	精密稳压电源	NC	8
2	V_0		NC	7
3	GND		NC	6
4	NC		NC	5

CC4068

14	13	12	11	10	9	8
V_{DD}	Y	H	G	F	E	

8 输入与非/与门

W	A	B	C	D		V_{SS}
1	2	3	4	5		7

参 考 文 献

1. 邱关源.电路[M].5 版.北京：高等教育出版社,2006.
2. 康华光.电子技术基础　模拟部分[M].5 版.北京：高等教育出版社,2006.
3. 康华光.电子技术基础　数字部分[M].5 版.北京：高等教育出版社,2006.
4. 秦曾煌.电工学(上、下册)[M].6 版.北京：高等教育出版社,2003.
5. 操长茂,胡小波.电工电子技术基础实验[M].武汉：华中科技大学出版社,2009.
6. 李彩萍,郭爱莲.电路原理实践教程[M].北京：高等教育出版社,2008.
7. 刘青松.电工测试基础[M].北京：电力工业出版社,2011.
8. 浙江天煌科技实业有限公司.浙江求是科教设备有限公司实验设备资料,2005.